"十四五"时期国家重点出版物出版专项规划项目

智能建造理论·技术与管理丛书

普通高等教育智能建造专业系列教材

BIM 技术原理与综合应用

主　编　周建亮

参　编　方周妮　刘亚楠　鄢晓非　胡飞翔
　　　　邱灿盛　张楹弘　叶盛智　李　坤

主　审　方东平（清华大学）
　　　　王广斌（同济大学）

机械工业出版社

在全球信息化技术高速发展和我国经济转向高质量发展阶段的背景下，BIM 技术已经成为建筑业从传统迈向现代化变革的催化剂。

本书依据土建类相关专业强化培养学生 BIM 综合应用能力的要求，介绍了 BIM 管理与数据互用、BIM 的规划与组织、快速建模方法和建设项目各阶段的 BIM 应用场景及解决方案等内容。结合国家级 BIM 应用大赛的获奖案例，本书详细介绍了当前 BIM 综合应用的工程实践做法。在编写形式上，本书更多地使用二维码、慕课等手段，以二维码展示不同专业、不同阶段的 BIM，以慕课来辅助学生进行课前预习、课后练习与上机操作学习。

本书可作为高等院校工程管理、土木工程、建筑设备与环境工程以及智能建造等专业的教材，也可作为工程专业人士深入了解 BIM 技术的参考书。

图书在版编目（CIP）数据

BIM 技术原理与综合应用/周建亮主编. —北京：机械工业出版社，2022.10（2025.1 重印）

（智能建造理论·技术与管理丛书）

"十四五"时期国家重点出版物出版专项规划项目

ISBN 978-7-111-71642-6

Ⅰ.①B…　Ⅱ.①周…　Ⅲ.①建筑设计-计算机辅助设计-应用软件-高等学校-教材　Ⅳ.①TU201.4

中国版本图书馆 CIP 数据核字（2022）第 173104 号

机械工业出版社（北京市百万庄大街 22 号　邮政编码 100037）
策划编辑：林　辉　　　　　责任编辑：林　辉　舒　宜
责任校对：潘　蕊　张　薇　封面设计：张　静
责任印制：常天培
北京机工印刷厂有限公司印刷
2025 年 1 月第 1 版第 5 次印刷
184mm×260mm · 12 印张 · 295 千字
标准书号：ISBN 978-7-111-71642-6
定价：45.00 元

电话服务　　　　　　　　网络服务
客服电话：010-88361066　机 工 官 网：www.cmpbook.com
　　　　　010-88379833　机 工 官 博：weibo.com/cmp1952
　　　　　010-68326294　金 书 网：www.golden-book.com
封底无防伪标均为盗版　机工教育服务网：www.cmpedu.com

前 言

BIM 将对整个建筑业产生全面的、革命性的影响，这一观点已得到全球建筑业的普遍认同。尽管 BIM 技术的发展对建筑业的最终影响目前还难以估量，但 BIM 已经逐渐在可视化应用、全生命周期应用、"BIM+" 集成应用和智慧管理等方面改变了建筑业的生产、管理和经营活动方式。随着大数据、物联网、云计算等新技术的日趋成熟，BIM 技术的应用与发展也必将随着 5G 时代的到来而迈上新的台阶。在我国相关政府部门的大力推动下，经过近十年的发展，BIM 技术已经得到了一定程度的普及，逐渐发展成熟了一大批的应用点，已经从以施工阶段的应用为主向全生命周期应用辐射，从 BIM 的可视化应用向 BIM+大数据、物联网、云计算、人工智能等各类信息技术的综合应用集成，并在实践中取得了良好的社会效益及经济效益。

本书依据土建类相关专业强化培养 BIM 应用能力的要求，从 BIM 技术的发展历程和对行业变革性推动的背景出发，结合当前我国相关政府部门和行业协会出台的各项政策、标准和部分前沿理论研究成果，介绍了 BIM 管理与数据互用、BIM 的规划与组织、快速建模方法和建设项目各阶段的 BIM 应用场景及解决方案等内容，并结合国家级 BIM 应用大赛的获奖案例，详细介绍了当前 BIM 综合应用的工程实践做法。

本书共 8 章，第 1 章由周建亮编写，第 2 章、第 6 章由方周妮、周建亮共同编写，第 3 章由刘亚楠、周建亮共同编写，第 4 章由胡飞翔、邱灿盛、张楹弘共同编写，第 5 章由刘亚楠、鄢晓非共同编写，第 7 章由方周妮、鄢晓非共同编写，第 8 章由叶盛智、李坤、胡飞翔、鄢晓非共同编写。全书由周建亮教授统稿，清华大学方东平、同济大学王广斌共同担任本书的主审。

本书有较强的指导性和实用性，旨在为高等院校工程管理、土木工程、建筑设备与环境工程以及智能建造等相关专业师生提供适应性较强的教学用书，也可作为建筑业从业人员的参考用书。本书配有电子版图纸，选用本书作为教材的老师可登录机械工业出版社教育服务网下载，学生可向任课教师索取。

感谢上海红瓦信息科技有限公司、广联达科技股份有限公司和中国五冶集团有限公司提供的大力支持，感谢机械工业出版社为本书的出版做出的努力和帮助。

由于编者水平和经验有限，书中难免有不当和遗漏之处，恳请广大读者批评指正。

编　者

目　录

第1章

绪　论

本章要点

1. BIM 的概念及基本特征。
2. BIM 技术的应用优势。
3. BIM 技术在工程建设各阶段的主要应用。

学习目标

1. 掌握 BIM 的概念及基本特征。
2. 了解 BIM 技术的优势及未来发展趋势。
3. 熟悉 BIM 技术在工程建设各阶段的主要应用。

■ 1.1　BIM 的起源、定义和应用路径

1.1.1　BIM 的起源

BIM 的全称是建筑信息模型（Building Information Modeling）。BIM 技术被称为"革命性"的技术。美国佐治亚理工学院建筑与计算机专业的 Chuck Eastman 博士被称为"BIM 之父"。1975 年，Chuck Eastman 教授在其研究课题建筑描述系统（Building Description System）中提出"在建筑设计中应用计算机而不是图样"（"The use of computers instead of drawings in building design"）的概念，即为 BIM 一词的原型。之后，Chuck Eastman 教授在"Building Product Models"中，将建筑产品模型（Building Product Models）界定为工程中的数据模型（Data Model）或信息模型（Information Model），该模型应当包含不同专业的所有信息、功能要求和性能，把一个工程项目的所有信息包括在设计过程、施工过程、运营管理过程的信息全部整合到一个建筑模型，以便于实现建筑工程的可视化和量化分析，提高工程建设效率，由此开启了 BIM 的源头。

1985 年，Simon Ruffle 在论文"Building Modelling：The Key to Integrated Construction CAD"提出了建筑模型的概念。1992 年，GA van Nederveen 和 FP Tolman 在论文"Modelling Multiple Views on Buildings"提出了"建筑信息模型"。2002 年，Autodesk 公司发布了"Autodesk（2002）：Building Information Modeling"白皮书。建筑师 Jerry Laiserin 在同年发表的

文章"Comparing Pommes and Naranjas"对"Building Information Modeling"中涉及的每个词"Building""Information"和"Modeling"都进行了意义明确的描述，说明这是下一代设计软件（Design Software）的发展趋势，并提出标准化信息交换格式。在此之前，Graphisoft将该术语称为"虚拟建筑物"（Virtual Building），Bentley将其称为"集成项目模型"（Integrated Project Models），而Autodesk或Vectorworks则将其称为"建筑信息模型"（Building Information Modeling）。Jerry Laiserin将BIM术语推广并标准化为建筑过程数字表示的通用名称，并促成Autodesk、Bentley、Graphisoft三大CAD软件公司将BIM概念及技术引入各自的产品，使不同软件的BIM信息可以互相流通，提供了便利的数字格式进行信息交换和互通。

1.1.2　BIM 的定义

随着全球建筑工程设计行业信息化技术的发展，BIM技术在国内外得到逐步普及发展。以下是对BIM概念的不同界定：

1. 部分国外的标准中的定义

（1）《美国国家 BIM 标准》给出的定义　BIM是一个建设项目物理和功能特性的数字表达；BIM是一个共享的知识资源，它分享有关这个建设项目的信息，为该建设项目从建设到拆除的全生命周期中的所有决策提供可靠依据的过程；在项目的不同阶段，不同利益相关方通过在BIM中插入、提取、更新和修改信息，以支持和反映其各自职责的协同作业。

（2）《英国 BIM 实施标准》给出的定义　BIM不仅包含图形，也包含其上的数据。在设计和施工流程中创建和使用协调、内部一致且可计算的建筑项目信息。

（3）《新加坡 BIM 指南》给出的定义　BIM包括模型使用、工作流和模型方法，用于从"模型"中获取具体、可重复和稳定的信息结果。"模型"是指BIM过程中生成的模型，是对设施的物理和功能特性的基于对象的数字化表达。它是设施的共享信息资源，在设施建造后的整个生命周期内为决策提供稳定的基础。不同项目成员在建筑生命周期内的不同阶段可以相互协作，插入、提取、更新BIM过程中的信息，支持和反映各项目成员的角色。

2. 我国对 BIM 的定义

（1）住房和城乡建设部《关于推进建筑信息模型应用的指导意见》给出的定义　BIM是在计算机辅助设计（CAD）等技术基础上发展起来的多维模型信息集成技术，是对建筑工程物理特征和功能特性信息的数字化承载和可视化表达。

（2）住房和城乡建设部《建筑信息模型应用统一标准》（GB/T 51212—2016）给出的定义　建筑信息模型（Building Information Model，BIM）是在建设工程及设施全生命期内，对其物理和功能特性进行数字化表达，并依此设计、施工、运营的过程和结果的总称。

（3）清华大学BIM课题组《中国建筑信息模型标准框架研究》给出的定义　建筑信息模型（Building Information Modeling，简称BIM）技术创建并利用数字模型对项目进行设计、建造和运营管理，将各种建筑信息组织成一个整体，贯穿于建筑全生命周期过程。

（4）北京市《民用建筑信息模型设计标准》给出的定义　建筑信息模型（Building Information Modeling）是创建并利用数字化模型对建设工程项目的设计、建造和运营全过程进行管理和优化的过程、方法和技术。BIM模型是基于建筑信息模型所产生的数字化建筑模型。BIM 模型的信息由几何信息和非几何信息两部分组成。

（5）上海市《建筑信息模型应用标准》给出的定义 建筑信息模型（Building Information Model，简称 BIM）是全寿命期工程项目或其组成部分的物理特征、功能特征及管理要素等共享信息应用的数字化表达，简称模型。

总体来看，BIM 模型是指基于 BIM 技术所产生的数字化建筑模型，具有可视化、协调性、模拟性、优化性和出图性等特点，是一种"三维可视化的数据库"。可视化是通过三维的建筑模型代替传统的二维图样来表达建筑的设计意图，数据库则包含了模型的几何数据和非几何数据两部分。根据各方对 BIM 内涵的界定，BIM 被视为包括建筑信息模型（Building Information Model）、建筑信息模型化（Building Information Modeling）和建筑信息管理（Building Information Management）三个层面：

Building Information Model 是建设工程（如建筑、桥梁、道路等）及其设施的物理和功能特性的数字化表达，可以作为该工程项目相关信息的共享知识资源，为项目全生命期内的各种决策提供可靠的信息支持。

Building Information Modeling 是创建和利用工程项目数据在其全生命期内进行设计、施工和运营的业务过程，允许所有项目相关方通过不同技术平台之间的数据互用，在同一时间利用相同的信息。

Building Information Management 是使用模型内的信息支持工程项目全生命期信息共享的业务流程的组织和控制，其效益包括集中和可视化沟通、更早进行多方案比较、可持续性分析、高效设计、多专业集成、施工现场控制、竣工资料记录等。可将建筑信息模型的创建、使用和管理统称为"建筑信息模型应用"，简称"模型应用"。

1.1.3 BIM 的应用路径

建筑项目一般分为方案设计、初步设计、施工图设计、施工准备、施工实施、运维等阶段。建筑项目各阶段基于 BIM 技术的基本应用见表 1-1，基于 BIM 技术的其他应用见表 1-2。

表 1-1 建筑项目各阶段基于 BIM 技术的基本应用

序号	阶段	工作目的及工作内容描述	应用项
1	方案设计	本阶段的工作目的是为建筑设计及后续若干阶段的工作提供依据及指导性的文件。主要工作内容包括：根据设计条件，建立设计目标与设计环境的基本关系，提出空间建构设想、创意表达形式及结构方式的初步解决方法等	场地分析
2			建筑性能模拟分析
3			设计方案比选
4			虚拟仿真漫游
5	初步设计	本阶段的工作目的是论证拟建工程项目的技术可行性和经济合理性，是对方案设计的进一步深化。主要工作内容包括：拟定设计原则、设计标准、设计方案和重大技术问题以及基础形式，详细考虑和研究建筑、结构、给水排水、暖通、电气等各专业的协同	建筑、结构专业模型构建
6			建筑结构平面、立面、剖面检查
7			面积明细表统计
8			机电专业模型构建
9	施工图设计	本阶段的工作目的是设计向施工交付设计成果。主要工作内容包括：解决施工中的技术措施、工艺做法、用料等问题，为施工安装、工程预算、设备及构件的安放、制作等提供完整的模型和图样依据	各专业模型构建
10			碰撞检测及三维管线综合
11			净空优化
12			二维制图表达

（续）

序号	阶段	工作目的及工作内容描述	应用项
13	施工准备	本阶段的工作目的是为建筑工程的施工建立必需的技术和物质条件，统筹安排施工力量和施工现场，使工程具备开工和连续施工的基本条件。主要工作内容包括：技术准备、材料准备、劳动组织准备、施工现场准备以及施工的场外准备等	施工深化设计
14			施工场地规划
15			施工方案模拟
16			构件预制加工
17	施工实施	本阶段的工作目的是在自现场施工开始至竣工的整个实施过程，管理和控制项目的成本、进度和质量安全等，完成合同规定的全部施工安装任务，使之达到验收、交付的要求	虚拟进度和实际进度比对
18			设备与材料管理
19			质量与安全管理
20			竣工模型构建
21	运维	本阶段是建筑产品的应用阶段，承担运行与维护的所有管理任务，其工作目的是为用户（包括管理人员与使用人员）提供安全、便捷、环保、健康的建筑环境。主要工作内容包括：设施设备维护与管理、物业管理以及相关的公共服务等	运维管理方案策划
22			运维管理系统搭建
23			运维模型构建
24			空间管理
25			资产管理
26			设施设备管理
27			应急管理
28			能源管理
29			运维管理系统维护

表 1-2　建筑项目基于 BIM 技术的其他应用

序号	项目	工作目的及工作内容描述	应用项
1	工程量计算	本项工作是在 BIM 环境下根据不同阶段的应用要求进行工程量计算，体现了 BIM 在数据的可视化展示、数据的结构化管理的重要特征，为设计、招标投标、施工实施、竣工结算等阶段提供 BIM 工程量计算的工作内容和方法	设计概算工程量计算
2			施工图预算与招标投标清单工程量计算
3			施工过程造价管理工程量计算
4			竣工结算工程量计算
5	预制装配式混凝土建筑	本阶段是预制装配式建筑项目在设计、生产和施工等方面不同于传统现场浇筑的工作内容，主要描述从构件深化设计、预拼装、工厂加工到施工模拟和施工管理等的设计施工工作内容	预制构件深化设计
6			预制构件碰撞检测
7			预制构件生产加工
8			施工模拟
9			施工进度管理
10	协同管理平台	协同管理平台是工程项目管理信息化整体解决方案的支撑平台之一，可以涵盖业主、设计、施工、咨询顾问等单位的管理业务。在项目 BIM 应用过程中，相关方宜通过软件技术和网络建立项目管理模式，将建设阶段的 BIM 应用流程纳入进平台进行管理	业主协同管理平台
			设计协同管理平台
			施工协同管理平台
			咨询顾问协同管理平台

建筑项目全生命周期 BIM 应用总体流程如图 1-1 所示。

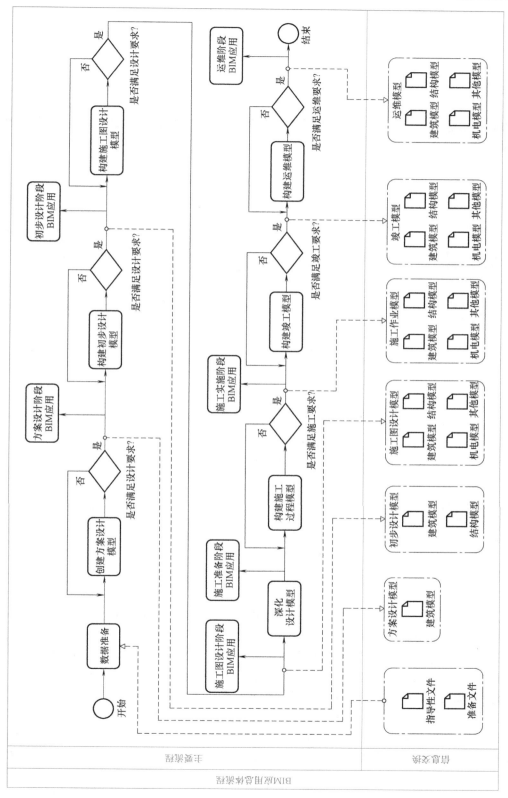

图 1-1 建筑项目全生命周期 BIM 应用总体流程

■ 1.2 BIM 的应用发展

1.2.1 BIM 对建筑业的影响

BIM 技术适用于建设项目全生命周期各个阶段（图 1-2），还可延伸至城市管理领域，建立城市信息模型。

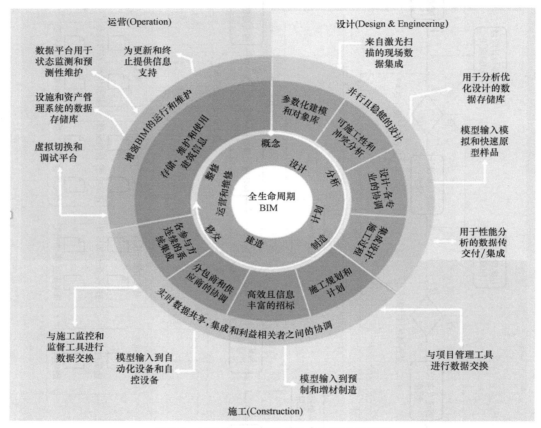

图 1-2　BIM 在建设项目全生命周期中的应用

1）在建设项目规划时，可应用 BIM 技术进行概念设计、规划设计，进行方案的场地分析与主要经济指标分析，并确定基本方案。

2）在工程设计阶段，可利用三维可视化设计和仿真模拟技术实现性能化模拟分析、绿色建筑性能评估和装配式建筑虚拟设计；有利于建设单位、设计单位和施工单位之间的沟通；有利于优化方案，减少设计错误，提高建筑性能和设计质量。

3）在工程施工阶段，可利用建筑信息模型的专业之间的协同，有利于发现和定位不同专业之间或不同系统之间的冲突，减少错漏碰缺，减少返工和工程频繁变更等问题。利用施工进度管理模型，开展项目现场施工方案模拟及优化、建筑虚拟建造及优化、进度模拟和资源管理及优化，有利于提高建筑工程的施工效率，提高施工工序安排的合理性。施工过程造价管理模型，进行工程量计算和计价，增加工程投资的透明度，有利于控制项目的施工成本。

4）在运维管理阶段，可利用建筑信息模型的建筑信息和运维信息，实现基于模型的建筑运维管理，实现空间管理、设备管理、安防管理、应急管理、能耗管理等，降低运维成本，有利于提高项目运营和维护管理水平，为用户提供安全、便捷、环保、健康的建筑环境。

5）在城市管理层面，可基于 BIM 技术的城市建筑大数据存储与利用，有利于解决建筑项目长期运营和维护过程中的数据存储、动态更新与各种数据利用问题，为智慧城市建设提供建筑的基础信息。同时，城市建筑信息模型数据的开放，能够实现建筑信息提供者、项目管理者与用户之间实时、方便的信息交互，有利于营造丰富多彩、健康安全的城市环境，提高城市基础设施、设备的公共服务水平。

根据 Dodge Data & Analytics 的《中国 BIM 应用价值研究报告》，BIM 的商业效益被视为推广和规范新技术和新流程的关键因素。在该报告中，商业效益被分为两类：一类是内部效益，是指由采用 BIM 技术的公司直接获益的内容；另一类是项目效益，是指向业主交付更好、更快或更低成本的最终产品。通过对中外企业的调研，中国设计与施工企业 BIM 应用的商业效益如图 1-3 所示。采用 BIM 技术带来的前四位项目效益为优化设计方案、减少施工

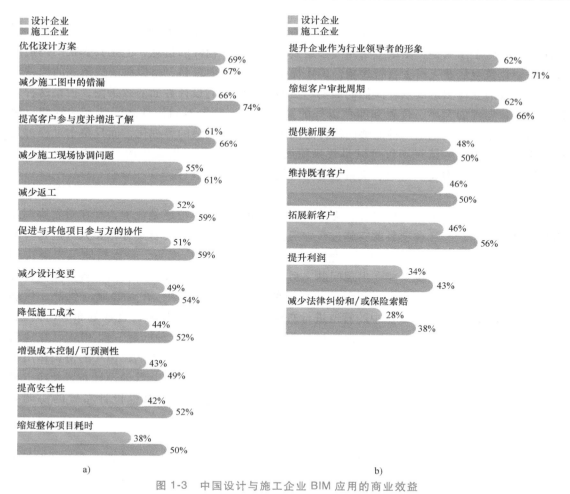

图 1-3 中国设计与施工企业 BIM 应用的商业效益

a）项目效益 b）内部效益

图中的错漏、提高客户参与度并增进了解和减少施工现场协调问题。采用 BIM 技术带来的前四位内部效益分别为提升企业作为行业领导者形象、缩短客户审批周期、提供新服务和维持既有客户。

1.2.2 BIM 的技术优势

BIM 是一个建设项目物理和功能特性信息的可视化数字表达，是信息技术在建筑工程项目管理的应用，简单地说就是该模型以三维数字技术为基础，集成了建筑工程项目各种相关信息的工程数据模型，并据此对建筑项目进行设计、建造和运营管理。BIM 是利用数字模型对项目进行设计、施工、运营的过程，包含了项目所有的几何、物理、功能和性能信息。项目不同的参与方在项目的各个阶段可以基于同一模型，利用和维护这些信息进行协同工作，对项目进行各种类型和专业的计算、分析和模拟，在设计、施工、运营的全生命周期中，实现信息共享和无损传递，提高工程建设的质量和效率，大幅节约项目成本，提升科学决策和管理水平。

BIM 技术具有包括可视化、协调性、模拟性、优化性和可出图性五大特征。

1. 可视化

可视化即"所见即所得"的形式。可视化真正运用在建筑业的作用是非常大的。例如：传统的二维施工图只是在图纸上采用线条绘制表达了各个构件的信息，但是其真正的构造形式就需要建筑业从业人员去自行想象。BIM 提供了可视化的思路，将以往的线条式的构件形成一种三维的立体图形展示在人们的面前。虽然建筑业也有设计方面的效果图，但是这种效果图不含除构件的大小、位置和颜色以外的其他信息，缺少不同构件之间的互动性和反馈性。BIM 技术的可视化是一种能够同构件之间形成互动和反馈的可视化，而且整个过程都是可视化的。可视化的结果不仅可以是效果图展示及生成报表，更重要的是，项目设计、建造、运营过程中的沟通、讨论、决策也可在可视化的状态下进行。

2. 协调性

协调性是建筑业中的重点内容，无论是施工单位、设计单位还是业主，都在做着协调及相互配合的工作。一旦在项目的实施过程中遇到了问题，首先需要召集各相关人员进行协调会议，找出施工中问题发生的原因及解决办法，然后做出相应变更、补救措施等来解决问题。那么，问题的协调就只能在出现问题之后再进行协调吗？在设计时，由于各专业设计师之间的沟通不到位，往往会出现各种专业之间的碰撞问题。例如：在对暖通（供热、供燃气、通风及空调工程）等专业中的管道进行布置时，可能遇到构件阻碍管线的布置的问题。这种问题是施工中常遇到的。BIM 的协调性服务可以帮助处理这种问题，即 BIM 可在建筑物建造前期对各专业的碰撞问题进行协调，生成并提供协调数据。当然，BIM 的协调作用也不止应用于解决各专业之间的碰撞问题，它还可以解决电梯井布置与其他设计布置及净空要求的协调、防火分区与其他设计布置的协调以及地下排水布置与其他设计布置的协调等问题。

3. 模拟性

模拟性不仅能模拟设计出的建筑物模型，还可以模拟不能够在真实世界中进行操作的事物。在设计阶段，BIM 可以对设计进行模拟试验。例如：节能模拟、紧急疏散模拟、日照模拟、热能传导模拟等。在招标投标和施工阶段可以进行 4D 模拟（3D 模型加项目的发展时间），也就是根据施工的组织设计模拟实际施工，从而确定合理的施工方案来指导施工；还可以进行 5D 模拟（4D 模型加造价控制），从而实现成本控制。在后期运营阶段可以模拟日常紧急情况的处理方式，如地震时人员逃生模拟及火灾时人员疏散模拟等。

4. 优化性

建筑项目设计、施工、运营的过程是一个不断优化的过程。虽然优化和 BIM 不存在实质性的必然联系，但在 BIM 的基础上可以做更好的优化。优化受三种因素的制约：信息、复杂程度和时间。没有准确的信息，得不出合理的优化结果。BIM 模型不仅提供了建筑物的实际存在的信息，包括几何信息、物理信息、功能信息，还提供了建筑物变化以后的实际存在信息。当建筑物复杂程度较高时，参与人员仅依靠自身的能力无法掌握所有的信息，必须借助一定的科学技术和设备的帮助。BIM 及与其配套的各种优化工具提供了对复杂项目进行优化的可能。

基于 BIM 的优化，可以完成以下两种任务：

1）对项目方案的优化：将项目设计和投资回报分析结合起来，可以实时计算出设计变化对投资回报的影响。这样业主对设计方案的选择就不会停留在对形状的评价上，而是哪种项目设计方案更有利于自身的需求。

2）对特殊项目的设计优化：在大空间随处可看到异型设计，如裙楼、幕墙和屋顶等。这些内容看似占整个建筑的比例不大，但是占投资和工作量的比例往往很大，而且通常是施工难度较大和施工问题较多的地方，对这些内容的设计施工方案进行优化，可以显著地缩短工期和降低造价。

5. 可出图性

BIM 模型是使用 BIM 绘制的图样，不同于二维设计图或者构件加工图，二维设计容易出现内容的"错、漏、碰、缺"问题。应用基于 BIM 的三维设计进行工程设计时，通过对建筑物进行可视化展示、协调、模拟、优化，不仅能绘制常规的建筑设计图及构件加工图，还能出具各专业图样及深化图样，以及绘制综合管线图（经过碰撞检查和设计修改，消除了相应错误）、综合结构留洞图（预埋套管图）以及碰撞检查报告和建议改进方案。使用 BIM 出图不仅使工程表达更加详细、方便，而且出图效率更高，当图样出现问题时，直接在 BIM 模型上面修改，大大提高了设计效率。

1.2.3 BIM 的发展趋势

目前，BIM 技术仍处于初级阶段，BIM 技术在施工企业的应用得到了一定程度的普及，在工程量计算、协同管理、深化设计、虚拟建造、资源计划、工程档案与信息集成等方面发展成熟了一大批的应用点，但远远还未得到充分挖掘。BIM 技术的发展趋势如下：

1. BIM+项目管理（Project Management，PM）

精细化、信息化和协同化是项目管理的发展趋势，以 BIM 为枢纽的中央数据库可有效满足项目各方对信息的需求，提供项目各方协同交流的平台，从而实现项目管理的精细化。BIM 与项目管理系统深度融合，可为项目管理的各项业务提供准确的基础数据及技术分析手段，实现数据产生与使用、流程审批、动态统计、决策分析的管理闭环，可有效解决项目管理中生产协同、数据协同的难题，为项目管理过程提供数据支持，可大幅提高工作效率和决策水平。

2. BIM+设施管理（Facility Management，FM）

从广义上讲，设施管理还包括运维管理、物业管理和资产管理等。持续的信息流是高效管理的前提。基于 BIM 模型进行项目交付为设施管理提供了持续的信息流，便于高效率地进行设施管理。二者深度融合可以实现实时定位建筑资源、数字资产实时数据获取、空间管理、改造计划及可行性分析、能源分析与控制、安全与应急管理等典型应用。

3. BIM+云平台

云平台借助云计算技术和其他相关技术，实现服务端和终端的互动应用。项目协同、数据共享和三维模型快速处理是 BIM 技术需解决的重要问题。利用云平台可将 BIM 应用中大量计算工作转移到云端，以提升计算效率；基于云平台的大规模数据存储能力，可将 BIM 模型及其相关的业务数据同步到云端，方便用户随时随地访问并与协作者共享，可更好地支持基于 BIM 模型的现场数据信息采集、模型高效存储分析、信息及时获取沟通传递等，BIM 应用也将转化为 BIM 云服务。

4. BIM+地理信息系统（Geographic Information System，GIS）

GIS 主要收集、存储、分析、管理和呈现与位置有关的数据。利用 GIS 宏观尺度上的功能，可解决区域性、长线或大规模工程的 BIM 应用，可实现宏观、中观和微观相结合的多层次管理。在城市规划、城市交通分析、城市微环境分析、市政管网管理、住宅小区规划、数字防灾、既有建筑改造等诸多领域均可有所应用。地理信息作为智慧城市重要的基础信息，结合 BIM 可构建最基础、最重要的城市基础数据库。

5. 与物联网、智能化仪器集成

以互联网为基础的物联网或全联网等是 BIM 智慧应用的基础，BIM 技术具有上层信息集成、交互、展示和管理的作用，物联网和全联网技术具有底层信息感知、采集、传递和监控的功能，二者集成实现了虚拟信息化管理与环境硬件之间的融合，将在工程项目建造和运维阶段产生极大的价值，也是行业大数据形成的重要基础。例如：物联网与 BIM 集成在施工阶段可实现施工质量、安全、物料的动态监管，提高施工管理水平；在运维阶段可实现建筑资产、设备、设施管理、能耗分析和节能监控、结构健康监测等，提高设备维护维修工作效率，提升资产的监控水平，增强安全防护能力，并支持智能家居。

BIM 与智能仪器集成应用是通过对软件、硬件进行整合，将 BIM 模型代入工程项目现场，利用模型中的数据信息驱动智能仪器工作。例如：智能型全站仪可利用模型中的三维空间坐标数据驱动智能型全站仪进行测量，实现自动精确放样，也可将现场测量数据与 BIM 模型进行对比，为深化设计和施工质量检查提供依据。

6. BIM 模型的数字化加工和制造

数字化加工与制造可显著提高生产效率和产品质量，是建筑业发展趋势。三维 BIM 模型可为数字化加工提供全面的数据支持。例如：将 BIM 模型中的数据转换成数字化加工所需的数字模型，制造设备根据该模型进行数字化加工，可应用在预制混凝土构件生产、管线预制加工和钢结构加工等方面。此外，以三维数字模型文件为基础的 3D 打印技术发展迅速，BIM 与 3D 打印的集成应用可实现基于 BIM 的建筑整体打印、打印制作复杂构件、打印施工方案实物模型等。

7. 融合数字化现实捕捉技术的虚实结合

快速发展的虚拟现实（VR）、增强现实（AR）和混合现实（MR）技术等为更真实地感受三维环境提供了实现手段。BIM 与 VR、AR、MR 技术等融合可用于虚拟场景构建、施工进度模拟、复杂局部施工方案模拟、施工成本模拟、多维模型信息联合模拟以及交互式场景漫游等。这将带来沟通方式的转变，从而可以提高模拟的真实性，有效支持项目成本管控，有效提升工程质量，提高模拟工作中的可交互性，更高效地交流和决策，以及将信息交流转换成信息体验等。

3D 激光扫描技术和倾斜摄影测量技术作为数字化实景捕捉技术，近些年得到了广泛应用。BIM 技术与上述技术结合，可实现大量虚实结合应用。3D 激光扫描技术可有效完整地记录工程现场复杂的情况，达到辅助工程质量检查、快速建模、减少返工的目的，可应用在施工质量检测、辅助实际工程量统计、钢结构预拼装、土方工程量测算等方面。基于倾斜摄影测量的实景建模技术，可实现将微观的 BIM 单栋模型置于具有地理信息的三维场景中，实现测量、建筑、地理空间的互通，将环境信息与建筑信息统一起来，形成从户外到室内，从地上到地下空间的一体化地理空间场景，可从传统的 BIM 应用扩展到 BIM 和 GIS 集成的深入应用。

8. 促进设计全过程一体化和智能设计的实现

在设计、施工两大阶段，BIM 数据对接已经有很好的应用和经验积累，未来可实现设计、施工、运维、建筑拆除再利用阶段的数据对接，使得从设计到拆除全过程各阶段的信息顺畅传递，大大提升建筑业的发展水平。依托建筑设计领域的信息建立和顺利传递，与之紧密关联的上、下游设计环节，包括城市规划、景观设计、室内设计、幕墙设计、建筑照明、人防设计、消防设计、绿色建筑设计等领域，都可以往专业化的方向快速发展，最终形成全产业链的数据传递和共享。

BIM 技术普及之后，使用 2D 文档作为介质来传达建设需求将会大量减少。随着越来越多的协作工具介入设计过程，设计过程将变得更为智能。通过将分析数据、设计规范、运算及优化方式、构件库等资料输入智能计算机等手段，实现用户向智能计算机输入具体的设计需求数据，便可直接输出详细的设计成果，大大推动建筑业的发展。

■ 1.3 BIM 的应用概述

1.3.1 设计阶段 BIM 应用

建筑项目的设计阶段分为方案设计阶段、初步设计阶段和施工图设计阶段（表 1-1）。

1. 方案设计阶段 BIM 应用

方案设计主要是从建筑项目的需求出发，根据建筑项目的设计条件，研究分析满足建筑功能和性能的总体方案，并对建筑的总体方案进行初步的评价、优化和确定。方案设计阶段 BIM 应用主要包括：

1）利用 BIM 技术对项目的设计方案进行数字化仿真模拟以及对其可行性进行验证，对下一步深化工作进行推导和方案细化。

2）利用 BIM 软件对建筑项目所处的场地环境进行必要的分析，如坡度、坡向、高程、纵断面和横断面、填挖量、等高线、流域等，作为方案设计的依据。

3）利用 BIM 软件建立建筑模型，输入相应的场地环境信息，进而对建筑物的物理环境

（如气候、风速、地表热辐射、采光、通风等）、出入口、人车流动、结构、节能排放等方面进行模拟分析，选择最优的工程设计方案。

该阶段的 BIM 应用点主要有：场地分析、建筑性能模拟分析、设计方案比选、虚拟仿真漫游。

2. 初步设计阶段 BIM 应用

初步设计阶段介于方案设计和施工图设计之间，是对方案设计进行细化的阶段。该阶段主要是构建、设计和深化建筑、结构专业模型。应用 BIM 软件，对专业间平面、立面、剖面位置进行一致性检查，将修正后的模型进行剖切，生成平面、立面、剖面，形成初步设计阶段的建筑模型、结构模型和二维设计图。在建筑项目初步设计过程中，沟通、讨论、决策应当围绕方案设计模型进行，发挥模型可视化、专业协同的优势。模型生成的统计明细表可及时、动态反映建筑项目的主要技术经济指标，包括建筑层数、建筑高度、总建筑面积、各类面积指标、住宅套数、房间数、停车位数等。

该阶段的 BIM 应用点主要有：建筑、结构专业模型构建，建筑结构平面、立面、剖面检查，面积明细表统计，机电专业模型构建。

3. 施工图设计阶段 BIM 应用

施工图设计是建筑项目设计的重要阶段，是项目设计和施工的桥梁。该阶段主要通过施工图及模型，表达建筑项目的设计意图和设计结果，并作为项目现场施工制作的依据。施工图设计阶段的 BIM 应用是各专业模型构建并进行优化设计的复杂过程。各专业信息模型包括建筑、结构、给水排水、暖通、电气等专业。在此基础上，根据专业设计、施工等知识框架体系，进行碰撞检测、三维管线综合、竖向净空优化等基本应用，完成对施工图阶段设计的多次优化。针对某些会影响净高要求的重点部位，进行具体分析并讨论，优化机电系统空间走向排布和净空高度。

该阶段的 BIM 应用点主要有：各专业模型构建、碰撞检测及三维管线综合、净空优化、二维制图表达。

1.3.2 施工阶段 BIM 应用

施工阶段分为施工准备阶段与施工实施阶段。

1. 施工准备阶段 BIM 应用

施工准备阶段广义上是指从建设单位与施工单位签订工程承包合同开始到工程开工为止的阶段。在实际项目中，每个分部分项工程并非同时进行，一般情况下，施工准备阶段贯穿整个项目施工阶段。施工准备阶段的主要工作内容是为工程的施工建立必需的技术条件和物质条件，统筹安排施工力量和施工现场，使工程具备开工和连续施工的基本条件。施工准备工作是建筑工程施工顺利进行的重要保证。该阶段的 BIM 应用对施工深化设计准确性、施工方案的虚拟展示，以及预制构件的加工能力等方面起到关键作用。施工单位应结合施工工艺及现场管理需求对施工图设计阶段模型进行信息添加、更新和完善，以得到满足施工需求的施工作业模型。

该阶段的 BIM 应用点主要有：施工深化设计、施工场地规划、施工方案模拟及构件预制加工。

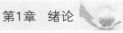

2. 施工实施阶段 BIM 应用

施工实施阶段是指自工程开工至竣工的整个实施过程。该阶段的主要内容是通过科学有效的现场管理完成合同规定的全部施工任务，以达到验收、交付的条件。基于 BIM 技术的施工现场管理一般是指将施工准备阶段完成的模型配合选用合适的施工管理软件进行集成应用。BIM 技术不仅是可视化的媒介，而且能对整个施工过程进行优化和控制，有利于提前发现并解决工程项目中的潜在问题，减少施工过程中的不确定性和风险。同时，按照施工顺序和流程模拟施工过程，可以对工期进行精确的计算、规划和控制，也可以对人、机、料、法等施工资源统筹调度、优化配置，实现对工程施工过程交互式的可视化和信息化管理。

该阶段的 BIM 应用点主要有：虚拟进度与实际进度比对、设备与材料管理、质量与安全管理、竣工模型构建。

1.3.3 运维阶段 BIM 应用

运维阶段是在建筑全生命期中时间最长、管理成本最高的重要阶段。BIM 技术在运维阶段应用的目的是提高管理效率、提升服务品质及降低管理成本，为设施的保值增值提供可持续的解决方案。

运维阶段 BIM 应用是基于业主对设施运营的核心需求，充分利用竣工交付模型，搭建智能运维管理平台并付诸具体实施。该项应用宜符合实际需求，应充分发挥建筑信息模型和数据的实际应用价值，不宜超出实际情况过度规划。

该阶段的 BIM 应用点主要有：运维管理方案策划、运维管理系统搭建、运维模型构建、运维数据自动化集成、运维管理系统维护。其中，基于 BIM 的运维管理系统的主要功能模块主要包括：空间管理、资产管理、设施设备维护管理、能源管理、应急管理。

思 考 题

1. BIM 的概念分为哪三个层面？具体的含义是什么？
2. BIM 的五大特征是什么？
3. BIM 技术有哪些发展趋势？
4. BIM 在设计阶段的主要应用点有哪些？
5. BIM 在施工阶段的主要应用点有哪些？
6. BIM 在运维阶段的主要应用点有哪些？

第 2 章

BIM管理与数据互用

本章要点

1. BIM 模型的管理。
2. 主要的 BIM 软件。
3. BIM 数据的相关标准。

学习目标

1. 了解 BIM 模型的精度分级。
2. 了解 BIM 模型命名规则。
3. 了解主流的 BIM 软件。
4. 了解 BIM 数据互用与协同的方式。

■ 2.1 BIM 管理与维护

2.1.1 BIM 的精度

根据《建筑信息模型施工应用标准》（GB/T 51235—2017），模型的精细程度（Level of Development，LOD）被分为五个等级，从模型概念设计到最终竣工的建模过程，主要描述的是 BIM 模型构件单元从最低级的近似概念化的程度发展到最高级的演示级精度的步骤，具体内容如下：

1. LOD100——方案设计模型

此模型通常为表现建筑整体类型分析的建筑体量，分析包括体积、建筑朝向、每平方米造价等。

2. LOD200——初步设计模型

此模型包含普遍性系统，包括大致的数量、大小、形状、位置及方向。LOD200 模型通常用于系统分析及一般性表现。

3. LOD300——施工图设计模型

此模型已经能很好地用于成本估算及施工协调，包括碰撞检查、施工进度计划及可视化。LOD300 模型应当包括业主在 BIM 提交标准里规定的构件属性和参数等信息。

4. LOD400——施工实施模型

此模型更多地被专门的承包商和制造商用于加工和制造项目的构件，包括水、电、暖系统。

5. LOD500——竣工验收模型

此模型将作为中心数据库整合到建筑运营和维护系统中。LOD500 模型包含业主提交的 BIM 说明里完整的构件参数和属性。建筑专业 BIM 模型精度标准见表2-1。

表 2-1 建筑专业 BIM 模型精度标准

项目	详细等级（LOD）				
	100	200	300	400	500
场地		几何信息（形状和颜色等）	几何信息（实体尺寸、形状、位置和颜色）	产品信息（概算）	
墙	几何信息（模型实体尺寸、形状、位置和颜色）	技术信息（材质信息，含粗略面层划分）	技术信息（详细面层信息、材质、附节点详图）	产品信息（供应商、产品合格证、生产厂家、生产日期、价格等）	维护信息（使用年限、保修年限、维护频率、维护单位等）
散水		几何信息（形状和颜色等）			
幕墙	几何信息（嵌板+分隔）	几何信息（带简单的竖梃）	几何信息（具体的竖梃截面，有连接构件）	产品信息（供应商、产品合格证、生产厂家、生产日期、价格等）	维护信息（使用年限、保修年限、维护频率、维护单位等）
建筑柱	几何信息（模型实体尺寸、形状、位置和颜色）	技术信息（带装饰面、材质）	技术信息（材料和材质信息）	产品信息（供应商、产品合格证、生产厂家、生产日期、价格等）	维护信息（使用年限、保修年限、维护频率、维护单位等）
门、窗	几何信息（形状、位置等）	几何信息（模型实体尺寸、形状、位置和颜色等）	几何信息（门窗大样图、门窗详图）	产品信息（供应商、产品合格证、生产厂家、生产日期、价格等）	维护信息（使用年限、保修年限、维护频率、维护单位等）
屋顶	几何信息（悬挑、厚度、坡度）	几何信息（檐口、封檐带、排水沟等）	几何信息（节点详细技术信息、材料和材质信息）	产品信息（供应商、产品合格证、生产厂家、生产日期、价格等）	维护信息（使用年限、保修年限、维护频率、维护单位等）
楼板	几何信息（坡度、厚度、材质）	几何信息（楼板分层、降板、洞口、楼板边缘）	几何信息（楼板分层细部做法、洞口）	产品信息（供应商、产品合格证、生产厂家、生产日期、价格等）	维护信息（使用年限、保修年限、维护频率、维护单位等）
天花板	几何信息（用一整块板替代，只体现边界）	几何信息（厚度、局部降板、准确分割、材质）	几何信息（龙骨、预留洞口、风口等，附节点详图）	产品信息（供应商、产品合格证、生产厂家、生产日期、价格等）	维护信息（使用年限、保修年限、维护频率、维护单位等）

（续）

项目	详细等级（LOD）				
	100	200	300	400	500
楼梯（含坡道、台阶）	几何信息（形状）	几何信息（详细建模,有栏杆）	几何信息（楼梯详图）	建造信息（安装日期、操作单位等）	维护信息（使用年限、保修年限、维护频率、维护单位等）
电梯（直梯）	几何信息（电梯门,附简单二维码符号表示）	几何信息（详细二维码符号表示）	几何信息（节点详图）	产品信息（供应商、产品合格证、生产厂家、生产日期、价格等）	维护信息（使用年限、保修年限、维护频率、维护单位等）
家具		几何信息（形状、位置和颜色等）	几何信息（尺寸、位置和颜色）	建造信息（安装日期、操作单位等）	维护信息（使用年限、保修年限、维护频率、维护单位等）

2.1.2 BIM 的分类

BIM 模型不是由某个独立参与者管理和使用的单一、独立模型，而是彼此不同又互相联系的子模型。一般情况下，将 BIM 子模型分为 BIM 建筑模型、BIM 结构模型、BIM 电气模型、BIM 给水排水模型和 BIM 暖通模型。

1. BIM 建筑模型

BIM 建筑模型主要为项目各参与方提供建筑空间参照。理想情况下，建筑设计最好直接以三维进行，但如果 BIM 模型的建立来源于二维建筑设计图，那么 BIM 建筑模型的更新就变得特别关键。各建筑物的厚度和高度，天花板的厚度和垂直标高，家具等的具体位置都必须正确地在 BIM 模型中建立出来，不然会直接影响多专业的协同工作。

2. BIM 结构模型

BIM 结构模型需要确保结构基础，结构梁柱以及横纵向钢结构的精确位置，便于设计的精确评估与论证。如果是钢结构建筑，钢结构之间的节点也需要被考虑。

3. BIM 电气模型

大部分电气系统不需要占用太多建筑空间，同时电缆桥架的安装路径比较灵活。看似好像没有必要建立 BIM 电气模型，其实不然，在 BIM 协同的环境中，每个专业都需要有自己的 3D 模型，确保最终方案的综合评估和可施工性论证。毕竟在安装空间特别拥挤的情况下，有一些大的电缆桥架将失去安装的灵活性，需要提前综合考虑，否则会引起施工变更。

4. BIM 给水排水模型

目前，大部分施工项目都包括重力系统和压力系统两种给水排水系统。重力系统最大的挑战是管道系统必须满足特定的角度要求，以确保水流可以从一端流动到另一端。在 BIM 模型综合协调当中，所有其他专业的管道必须给重力给水排水管道预留足够的空间，确保其能够得到正确的安装。同时，为保证管道预制的需要，BIM 模型需要体现所有给水排水系统构件，如阀门、管道保温层、水泵、管道连接件等。

5. BIM 暖通模型

暖通专业的承包商希望 BIM 暖通模型可以支持部分风管和空调水管的提前预制和安装，

也可以指导实际施工。虽然一些大型的承包商有能力实现暖通设备的安装，但是由于存在设计的不确定性和施工变更的可能性，暖通设计方案的正确性无法最终确定，因此很难实现大规模的预制生产。在 BIM 环境中，当全过程的可施工性论证结束以后，得到的暖通方案就是最后可以施工的方案，生成的 BIM 暖通模型也就可以直接指导预制生产和现场安装。

2.1.3　BIM 的文件结构

使用统一的文件目录和命名形式进行 BIM 项目应用和管理，有助于项目工作的开展和不同分工人员之间的配合，使项目参与人员在统一的标准和模式下工作，可大大提高工作效率和专业度。不同 BIM 软件之间的数据与信息的沟通协调一般使用 IFC 格式来进行。

1. BIM 资源文件夹结构

标准模板、图框、族和项目手册等通过数据可保存在中央服务器中，并可实施访问权限管理，可对不同工作内容人员开放相应权限。BIM 资源文件夹结构如下：

2. 项目文件夹

项目数据也统一集中保存在服务器上，对于采用 Revit 工作集模式时，只有"本地副本"才存放在客户端的本地硬盘上。项目文件夹结构和命名方式如图 2-1 所示，在实际项目使用时可根据项目实际情况选择，以满足不同的工作需要。

图 2-1　项目文件夹结构和命名方式

■ 2.2　BIM 基本构件与信息构成

2.2.1　BIM 的基本构件分解

建筑工程是通过对各类房屋建筑及其附属设施的建造和与其配套的线路、管道、设备的安装活动所形成的工程实体。在 BIM 建模过程中，为了保证模型的完整性，需对 BIM 模型的基本构件充分掌握。现对建筑工程的 BIM 建筑和结构进行构件分解，见表 2-2 和表 2-3。

表 2-2　BIM 建筑构件分解

一级	二级	三级	四级	一级	二级	三级	四级
建筑	建筑构件	墙	建筑内墙	建筑	建筑构件	门	室内门
			建筑外墙				室外门
			建筑特殊墙体			窗	内窗
		建筑柱	建筑柱				外窗

BIM技术原理与综合应用

（续）

一级	二级	三级	四级	一级	二级	三级	四级
建筑	建筑构件	屋顶	平屋面	建筑	建筑构件	楼梯	楼梯扶手
			坡屋面				消防疏散
			其他屋面				金属人行道
			屋顶辅助构件				爬梯
		楼地板	地面板及面层			运输系统	运输系统
			楼层板及面层			电梯	升降机
			阳台地面				自动扶梯
			夹层楼面				食品升降机
			楼层构造辅助构件				移动坡道
		幕墙	构件式建筑幕墙			坡道	行车坡道
			单元式幕墙				轮椅坡道
			玻璃幕墙			台阶	室内台阶
			石材幕墙				室外台阶
			金属板幕墙			散水与明沟	散水与明沟
			全玻璃幕墙			栏杆	节间式栏杆
			点支撑玻璃幕墙				连续式栏杆
			开放式幕墙			檐口	挑檐板
			框架式幕墙				滴水檐
			双层通风幕墙			阳台露台	内阳台
		天花板	平面式天花板				外阳台
			凹凸式天花板				露台
		楼梯	楼梯构造			灯具	工程灯具
			楼梯板底面				装饰灯具

表 2-3 BIM 结构构件分解

一级	二级	三级	四级	一级	二级	三级	四级
结构	地基基础	基础	独立基础	结构	混凝土结构	混凝土板	
			条形基础			混凝土梁	
			筏形基础			混凝土柱	
			箱形基础			混凝土梁柱节点	
			桩基础			混凝土墙	
		基础梁	基础梁			结构缝	沉降缝
		基础底板	基础底板				抗震缝
		基坑围护	地下围护墙				伸缩缝
			锚杆		钢结构	钢柱	
			土钉			钢梁	
		桩	摩擦桩			钢桁架	
			端承摩擦桩			钢网架	
			端承桩			钢檩条	
			摩擦端承桩			拉索	

18

2.2.2　BIM 构件的命名规则

BIM 模型单元应根据项目、工程对象特征进行命名，并且应简明且易于辨识，通常在同一项目中，表达相同工程对象的模型单元命名应具有一致性。

项目级模型单元命名应由项目编号、项目位置、项目名称、设计阶段和描述字段依次组成，其间宜以下划线 "_" 隔开。必要时，字段内部的词组宜以连字符 "-" 隔开，并应符合下列规定：

1）项目编号应采用数字编码，当无项目编码时，宜以 "000" 替代。

2）项目位置应采用市级或县级行政区划名称或数字码，行政区划名称和数字码应符合现行国家标准《中华人民共和国行政区划代码》（GB/T 2260）的规定。

3）项目名称应采用中文简称或英文字母缩写，应由项目管理者统一制订。

4）设计阶段应划分为方案设计、初步设计、施工图设计、深化设计等阶段。

5）描述字段可自定义，也可省略。

功能级模型单元命名宜由项目名称、模型单元名称、设计阶段和描述字段依次组成，其间宜以下划线 "_" 隔开。必要时，字段内部的词组宜以连字符 "-" 隔开，并应符合下列规定：

1）项目名称应继承项目级模型单元项目信息，通用的模型单元可省略此字段。

2）模型单元名称应采用工程对象的名称，描述系统的模型单元应采用系统分类的名称，系统分类应符合《建筑信息模型设计交付标准》（GB/T 51301—2018）的有关规定。

3）描述字段可自定义，也可省略。

构件级模型单元命名宜由项目名称、系统分类、位置、模型单元名称、设计阶段、描述字段依次组成，其间宜以下划线 "_" 隔开。必要时，字段内部的词组宜以连字符 "-" 隔开，并应符合下列规定：

1）项目名称应继承项目级模型单元项目信息，通用的模型单元可省略此字段。

2）系统分类应继承功能级模型单元系统分类信息，同时属于多个系统的，应全部列出，并应以连字符 "-" 隔开，通用的模型单元可省略此字段。

3）位置应采用工程对象所处的楼层或房间名称，此字段可省略。

4）模型单元名称应采用工程对象的名称，当需要为多个同一类型模型单元进行编号时，可在此字段内增加序号，序号应依照正整数依次编排。

5）描述字段可自定义，也可省略。

零件级模型单元命名宜由模型单元名称和描述字段依次组成，其间宜以下划线 "_" 隔开。必要时，字段内部的词组宜以连字符 "-" 隔开，并应符合下列规定：

1）模型单元名称应采用工程对象的名称，当需要为多个同一类型模型单元进行编号时，可在此字段内增加序号，序号应依照正整数依次编排。

2）描述字段可自定义，也可省略。

2.2.3　BIM 构件的颜色规则

模型单元应根据工程对象的系统分类设置颜色，同时应符合下列规定：

1）一级系统之间的颜色应差别显著，便于视觉区分，且不应采用红色系。

2）二级系统应分别采用从属于一级系统的色系的不同颜色。

3）与消防有关的二级系统以及消防救援场地、救援窗口等应采用红色系。

构件级模型单元的颜色缺省值应与所属的系统颜色相同。若某个模型单元属于两个及以上系统的模型单元，其颜色设置应根据项目应用需求由项目参与方自定义，并宜在建筑信息模型执行计划中说明定义的方法。与消防有关的模型单元，应采用所归属消防类系统的颜色设置。各系统颜色设置见表2-4。

表2-4　各系统颜色设置

一级系统	颜色设置值			二级系统	颜色设置值		
	红（R）	绿（G）	蓝（B）		红（R）	绿（G）	蓝（B）
给水排水系统	0	0	255	给水系统	0	191	255
				排水系统	0	0	205
				中水系统	135	206	235
				循环水系统	0	0	128
				消防系统	255	0	0
暖通空调系统	0	255	0	供暖系统	124	252	0
				通风系统	0	205	0
				防排烟系统	192	0	0
				空气调节系统	0	139	69
				除尘与有害气体净化系统	180	238	180
电气系统	255	0	255	供配电系统	160	32	240
				应急电源系统	218	112	214
				照明系统	238	130	238
				防雷与接地系统	208	32	144
智能化系统	255	255	0	信息化应用系统	255	215	0
				智能化集成系统	238	221	130
				信息设施系统	255	246	143
				公共安全系统（火灾自动报警及消防联动控制系统除外）	255	165	0
				公共安全系统（火灾自动报警及消防联动系统）	238	0	0
				机房工程	139	105	20
动力系统	—	—	—	热力系统	139	139	139
				燃气系统	205	92	92
				油系统	193	205	193
				燃煤系统	224	238	238
				气体系统	105	105	105
				真空系统	190	190	190

■ 2.3 BIM 的主流软件

2.3.1 建模软件

1. Autodesk Revit

Autodesk Revit 最早是一家名为 Revit Technology 的公司于 1997 年开发的三维参数化建筑设计软件。2002 年，美国 Autodesk 公司收购了 Revit Technology，从此 Revit 正式成为 Autodesk 三维解决方案产品线中的一部分，Revit 系列产品在 2003 年投入中国市场。Autodesk Revit 原为分开的建筑、结构、机电三个专业建模软件，2013 年后合在一起。

以 Revit 技术平台为基础推出的专业版模块包括：Revit Architecture（Revit 建筑模块）、Revit Structure（Revit 结构模块）和 Revit MEP（Revit 设备模块——暖通、电气、给水排水）三个专业设计工具模块，以满足设计中各专业的应用需求。在 Revit 模型中，所有的图样、二维视图和三维视图以及明细表都是同一个基本建筑模型数据库的信息表现形式，Revit 参数化修改引擎可自动协调在任何位置（模型视图、图样、明细表、剖面和平面中）进行的修改。

Autodesk Revit 的主要特点：

1）运用三维参数化的建模功能，能自动生成平、立、剖面图，室内外透视漫游动画等。

2）对模型的任意修改可自动地体现在建筑的平、立、剖面图，以及构件明细表等相关图样上，避免信息不一致错误。

3）在统一的环境中，完成从方案推敲到施工图设计，直至生成室内外透视效果图和三维漫游动画全部工作，避免了数据流失和重复工作。

4）可以根据需要，实时输出任意建筑构件的明细表，适用于概预算工程量的统计，以及施工图设计时的门窗统计表。

5）运用项目样板，在满足设计标准的同时，大大提高设计师的效率。基于样板的任意新项目均继承来自样板的所有族、设置（如单位、填充样式、线样式、线宽和视图比例）以及几何图形。使用合适的样板，有助于快速开展项目。

6）通过族参数化构件（也称为族），Revit 提供了一个开放的图形式系统，支持自由地构思设计、创建外形，并以逐步细化的方式来表达设计意图。族既包括复杂的组件（如家具和设备），又包括基本的建筑构件（如墙和柱）。

7）Revit 族库把大量 Revit 族按照 CSI Master Format 分类体系进行归类，便于相关行业企业或组织随着项目的开展和深入，积累自己独有的族库，形成自己的核心竞争力。

8）通过 Revit Server 可以更好地实现基于数据共享的异地协同，实现不同区域工作人员在同一个 Revit 中央模型上协同工作。

2. Bentley AECOsim Building Designer

Bentley 公司于 2012 年 3 月正式推出其建筑行业一体化解决方案 AECOsim Building Designer（ABD）及相应的能耗计算系统 AECOsim Energy Simulator（AES），2013 年 7 月正式

发布包含中国标准库和工作环境的、具有全中文界面的中国版 ABD。

建筑设计（Building Designer）是基础设施行业不可缺少的一部分，任何项目都需要建筑专业参与。例如，在工厂领域以管道专业为主，但也需要建筑专业与之配合，为其提供管道的支撑、厂房及附属的配套设施。Bentley 的这个产品协助在项目生命周期中的所有参与者减少数据错误，增强各方协作，提高工作效率。

Bentley AECOsim Building Designer 涵盖了建筑、结构、建筑设备及建筑电气四个专业设计模块。其中，建筑设备又涵盖了暖通、给水排水及其他低压管道的设计功能。AECOsim Building Designer 将三维设计平台 MicroStation 纳入其中，形成整合、集中、统一的设计环境，可以完成四个专业的模型创建、图样输出、统计报表、碰撞检测、数据输出等整个工作流程的工作。

3. GRAPHISOFT ArchiCAD

ArchiCAD 是 GRAPHISOFT 公司的旗舰产品，它是一款由建筑师开发设计，专门针对建筑师的三维设计软件。ArchiCAD 第一版发布于 1987 年，是建筑行业最早的建筑三维设计软件之一，也是最早应用面向对象建模的软件产品之一。在早期的 ArchiCAD 软件中，就开始用几何形体表达设计方案，同时将建筑元素属性附在其上，它支持 IFC 等开放数据交换标准，所以 BIM 概念出现（2002 年）前，ArchiCAD 就是一款具备 BIM 能力的软件产品。早期标志性 BIM 项目"澳大利亚墨尔本尤里卡大厦"就是用 ArchiCAD 完成的。

通过应用 ArchiCAD，设计公司可实现图模一体化，提高设计质量以及协同工作效率，为业主提供更好、更方便的设计服务。目前国内应用的主要版本有：ArchiCAD19、ArchiCAD20。

ArchiCAD 将自由设计的创造性与 BIM 技术的高效性有机地结合起来，支持建筑师在设计全过程自由地展示设计思路。通过不同视图，设计师可轻松创建形体，并可轻松修改复杂元素。ArchiCAD 通过 MORPH™（变形体）工具增强了建模的灵活性，通过整合云服务可帮助用户创建和查找自定义对象、组件和建筑构件，快速完成建模。

4. Dassault CATIA

CATIA 是达索（Dassault）公司开发的 CAD/CAE/CAM 一体化集成解决方案，覆盖了众多产品设计与制造领域，被广泛应用于建筑、航空航天、汽车制造、船舶、机械制造、消费品等诸多行业。

在建筑工程行业，CATIA 适合于复杂造型、超大体量、预制装配式等项目的概念设计、详细设计及加工图设计等，其曲面建模功能及参数化能力，为设计师提供了丰富的设计手段，帮助设计师提高设计效率和质量。达索目前已经推出了建筑工程包和土木工程设计包，专门针对建筑和土木工程的深入应用。

CATIA 现已整合到"3D 体验"平台（3D EXPERIENCE）中。3D EXPERIENCE 是基于服务器的云应用架构，并且支持公共云和私有云两种方式。

5. SketchUp

SketchUp 中文俗称为"草图大师"，是一款面向建筑师、景观设计师、城市规划师、室内设计师、家具设计师、电影制片人、游戏开发者以及相关专业人员的 3D 建模程序，适合表达工程从方案、施工到室内装修各个阶段的三维模型。其建模特点是直观、灵活以及易于使用，模型的三维展示表达清晰，同时模型轻量，非常适合沟通交流，可以广泛应用在建筑、规划、园林、景观、室内以及工业设计等领域。

SketchUp 支持推拉建模功能，设计师通过一个图形就可以方便地生成 3D 几何体，无须进行复杂的三维建模。SketchUp 具有草稿、线稿、透视、渲染等不同显示模式，支持简便直观的空间尺寸和文字的标注。SketchUp 可以直接导入 Digital Globe 的地理位置信息、卫图及地形数据，可准确定位阴影和日照，设计师可以获得更多的当地信息，并根据建筑物所在地区和时间进行阴影和日照分析。

以上主要介绍的是建筑建模软件，结构方面的建模软件主要有构力 PKPM-BIM、盈建科YJK、广厦 GSRevit、探索者 TSRS、中建技术中心 ISSS 等；机电建模软件主要有鸿业BIMSpace、广联达 MagiCAD、Autodesk Revit MEP 等。

2.3.2　模型应用软件

1. Autodesk Navisworks

Autodesk Navisworks 是欧特克公司开发的一款建筑模型管理软件，支持项目相关方整合和校审建筑信息模型，以及实现对相关项目成果的管理和控制。基于 Navisworks，项目团队成员在实际建造前以数字方式探索项目的主要物理和功能特性，以期达到缩短项目交付周期、提高经济效益、减少环境影响等目标。

Autodesk Navisworks 系列软件包含两款产品 Autodesk Navisworks Manage 和 Autodesk Navisworks Simulate。

1）Autodesk Navisworks Manage 支持用户对项目信息进行分析、仿真和协调。通过将多领域数据整合为单一集成的项目模型，支持用户进行冲突管理和碰撞检测，帮助设计和施工专家在施工前预测和避免潜在问题，帮助减少浪费、提高效率，同时显著减少设计变更。

2）Autodesk Navisworks Simulate 通过 4D 模拟、动画和照片级效果制作功能，支持用户对设计意图进行演示，帮助加深对项目理解和对施工流程进行仿真，进而支持用户对项目信息进行校审、分析和协调，提高工程可预测性，制订更加准确的规划，有效减少主观臆断。

2. Dassault DELMIA

Dassault DELMIA 是施工过程精细化虚拟仿真和相关数据管理软件，在建筑施工规划阶段，支持用户优化工期和施工方案，降低工程风险。

DELMIA 支持不同精细度的施工仿真需求，对于简单的施工过程可能只需要做到工序级别的仿真，而对于复杂的施工过程可能需要工艺级别的仿真，其甚至还可以进行人机交互级别的仿真。

该软件的主要功能如下：

1）施工进度规划（PPL/PPM）：通过可视化方式把模型根据施工工序进行分解，定义各个工序节点的时间进度和资源，并生成横道图和 4D 模拟动画。

2）大型工程安装规划（MFM）：根据施工组织的需求，将设计模型的数据结构（EBOM）转化成施工数据结构（MBOM）。

3）施工工艺仿真（MAE）：精确模拟 3D 对象的运动方式，从而进行精细化的施工工艺仿真分析。

4）机器人仿真（RTS）：支持 3D 机械模型（如塔式起重机）能够自动进行运转，以模拟计划执行的活动，并且分析运作过程。DELMIA 提供了上千种预定义的设备模型。

5）人机工程（EWK）：使用具有活动能力的人体模型模拟工人操作过程，如拾起物体、行走、操作设备等，用于评估人员操作效率和安全性。

3. Bentley Navigator

Bentley 公司于 2006 年推出了新一代的设计检查工具 Bentley Navigator V8i 和 i-model 文件打包发布工具 i-model Composer，从而取代之前的 Bentley Navigator 2004 版本，现行版本是 Bentley Navigator CONNECT Edition。

Navigator 是一款综合设计检查产品，可实现工程行业不同设计文档的读取和数据查询，同时支持碰撞检查、红线批注、进度模拟、吊装模拟、渲染动画等功能。Bentley Navigator CONNECT Edition 使用了新的图形引擎和模型浏览文件格式，扩展了可浏览的 3D 模型格式范围，提高了模型的浏览速度，也使操作更为简单快捷。

Navigator 为管理者和项目组成员提供了一个协同工作平台，可以在不修改原始设计模型的情况下，添加自己的注释和标注信息。支持用户交互式地浏览大型复杂 3D 模型，快速查看设备布置、维修通道和其他关键的设计数据。Navigator 支持项目建设人员在建造前做建造模拟，尽早发现施工过程中的不当之处，降低施工成本，避免重复劳动和优化施工进度。

4. Trimble Connect

Trimble Connect 支持基于 BIM 模型的沟通和协作，支持多专业模型导入和碰撞检查。该软件的主要功能如下：

1）模型操作。Trimble Connect 的模型操作功能包括：三维标记、模型对齐、分配任务、改变部分对象颜色、改变整个模型颜色、合并及查看选择的模型、任务留言、控制整个模型可见性、测量距离、模型对象过滤、碰撞校核、保存视图。

2）项目管理。Trimble Connect 的项目管理功能包括：创建项目、创建和管理文件夹、创建和管理版本、创建对象保存组、创建任务、定义用户报告、输出报告、文档浏览器、轴线、清单对象属性、管理权限和注意事项、管理用户和组别、沟通链中存储多张图片、临时本地离线存储、查看标注碰撞。

5. ACT-3D Lumion

荷兰 ACT-3D 公司于 2010 年 12 月 1 日正式发布了可视化软件 Lumion。Lumion 是一款实时 3D 可视化工具，可以用来制作电影和静帧作品，也支持现场演示。使用 Lumion 可创建虚拟现实环境，然后通过 GPU 高速渲染生成高清电影。可快速提供优秀的图像质量是 Lumion 的主要优点。该软件的主要功能如下：

1）创建和编辑三维场景，包括设定光源、贴图和增加材质等。

2）可从 SketchUp、Autodesk 产品（3ds Max 或者 MAYA）以及其他的三维软件导入三维模型。

3）渲染、编辑和输出视频。

6. Autodesk Ecotect

Autodesk Ecotect 是欧特克公司开发的一个全面建筑性能分析辅助设计软件。Ecotect 可基于简单的建筑模型，通过交互式分析方法，快速提供数字化分析图表。例如：改变地面材质，就可以比较房间里声音的反射、混响时间、室内照度和内部温度等的变化；加一扇窗户，立刻就可以看到它所引起的室内热效应、室内光环境等的变化，乃至分析整栋建筑的投资变化。

Ecotect 可以对热、光、声、可视度等进行可视化分析。例如：对建筑室内温度、舒适度、热负荷等进行分析；对自然采光和人工照明等进行分析，并得出采光系数、照度和亮度等一系列指标；对规划可视度和室内视野分析；进行日照分析、声环境分析，以及建造成本和资源管理等。

2.3.3 管理与协同平台

1. 广联达 BIM5D

广联达 BIM5D 以 BIM 平台为核心，以集成模型为载体，关联施工过程中的进度、合同、成本、质量、安全、图样、物料等信息，为项目提供数据支撑，实现有效决策和精细化管理，从而达到减少施工变更、缩短工期、控制成本、提升质量的目的。

通过广联达 BIM5D 项目驾驶舱，可将整个项目的经济指标、进度指标、质量安全等重要信息形象地展示在网页端，为项目的施工总包、分包、业主、监理等各参与方提供了一个实时了解项目进展情况的平台。它支持从单体、楼层、专业、系统等多个维度在线过滤浏览 BIM 模型，并能查询具体图元的属性和工程值；可从产值、成本、效益、现金收入四个维度宏观展示项目的经济指标；可以时间维度，详细展示每个单体各个专业、楼层的进展情况，可查看每日实际劳动力情况以及相关偏差分析原因；以时间分布、问题类型分布、责任单位分布等各个维度，宏观展示项目的质量安全状态，协助项目管理者分析问题，排查隐患，确保项目正常完工。

2. 云建信 4D-BIM

云建信"基于 BIM 的工程项目 4D 施工动态管理系统"（简称 4D-BIM）是一款基于 BIM 的跨平台施工项目管理软件系统。4D-BIM 通过将 BIM 与 4D 技术有机结合，建立基于 IFC 标准的 4D-BIM 模型，支持基于 BIM 的施工进度、施工资源及成本、施工安全与质量、施工场地及设施的 4D 集成管理、实时控制和动态模拟。4D-BIM 不仅可应用于民用建筑工程，也可应用于铁路、桥梁、公路、地铁隧道、综合管廊等市政建设与基础设施工程领域。

4D-BIM 应用基于云的 BIM 数据库，提供 C/S 端（PC 端）、B/S 端（网页端）、M/S 端（移动端）三种应用方式，可实现各系统的无缝集成，以及信息与 BIM 双向连接。4D-BIM 系统可连接数据可视化大屏、虚拟显示头盔、云打印机、RFID、语音采集等设备，还可与摄像头、门禁、传感器进行数据对接，提供面向多工程领域和多应用方的 BIM 数据采集、存储、处理、共享功能，支持跨平台的业务数据融合与协作工作。

4D-BIM 系统架构在 4D-BIM 云平台之上，4D-BIM 平台为 4D-BIM 系统、BIM-FIM 系统以及后续产品提供高质、高效的图形与数据引擎，为实现工程项目的全生命周期 BIM 管理、软件集成提供平台支撑。

3. Bentley ProjectWise

Bentley ProjectWise 为工程项目的内容管理提供了集成的协同环境。采用 ProjectWise 可对贯穿于项目生命周期中的信息进行集中、有效的管理，能够让散布在不同区域甚至不同国家的项目团队，在一个集中统一的环境下工作，随时获取所需的项目信息，进而能够进一步明确项目成员的责任，提升项目团队的工作效率及生产力。

ProjectWise 构建的工程项目团队协作系统用于帮助团队提高质量、减少返工并确保项目按时完成。ProjectWise 是一款内容管理、内容发布、设计审阅和资产生命周期管理的集成解决方案，通过良好的安全访问机制，为用户提供系统管理、文件访问、查询、批注、信息扩充和项目信息及文档的迁移功能。ProjectWise针对分布式团队中的实时协作进行了优化，可在项目办公地点进行OnPremise部署或作为托管解决方案进行OnLine部署。

ProjectWise基于工程生命周期管理的概念改变传统的点对点和分散的沟通方式，将不同部门、不同单位（业主、设计单位、施工承包单位、监理公司、供应商等）、不同阶段集成在一个统一的工作平台上，实现信息的集中存储与访问，从而缩短项目的周期时间，增强信息的准确性和及时性，提高各参与方协同工作的效率。

4. Dassault ENOVIA

ENOVIA是企业级的项目管理平台，从企业级的层面与角度去考虑项目管理需求，充分考虑多项目并发、多单位参与、大数据存储、大批用户访问等特点。ENOVIA强调平台的项目管理能够贯穿设计、采购、施工、调试等各业务板块，并实现一体化，全面支撑建设项目全生命周期业务。

ENOVIA项目管理功能覆盖项目管理领域的3个层次、5个过程组和9大知识领域。按照建设项目管理体系特点提供了KPI体系和图表。结合三维数据管理和可视化能力，支持成果的质量审查、多维施工规划和项目管理信息与施工过程的三维可视化。

除以上介绍的平台外，还有Autodesk BIM 360、Trimble Vico Office等。主要BIM协同平台的功能比较见表2-5。

表 2-5　主要 BIM 协同平台的功能比较

BIM 协同管理平台	核心功能	适用范围	适用阶段
广联达 BIM5D	技术管理、生产管理、质量管理、安全管理、成本管理	民用建筑	施工阶段
云建信 4D-BIM	施工管理系统、运维管理系统、三维作业指导、梁场管理系统	民用建筑、市政建设与基础设施	施工阶段
Bentley ProjectWise	项目管理、协同设计、项目交付、文档管理、权限策略、流程管理、项目移交	市政建设与基础设施	全生命周期
Dassault ENOVIA	产品数据管理、项目管理、BOM 管理、流程管理、配置管理、与 CAD 软件集成		全生命周期

■ 2.4　BIM 数据互用与相关标准

2.4.1　BIM 的 IFC 数据标准

传统工程数据往往零散且片段地储存在各个不同的地方，数据格式也有各种不同的形式互相搭配，最常见的有图形（施工图、大样图、断面图、流程图等）、文字（各种说明文件）、数字（各种统计、数量或价格数据），这些数据都随着工程进行不断地增加，数据之间的关联性也随之更加复杂。

BIM的概念即是一个大型数据库，储存整个生命周期当中所有与建筑物有关系的数据，需要透过各种方式维持数据与数据之间的关联性。过去将数据电子化的过程中，储存空间是一个高成本的问题，而随着硬件储存技术的进步，现今数据储存空间已不再是一个太大的问题，问题反而是数据太多，无法快速找到当下所需要的信息。为此，要将工程信息完整地储存和运用势必面临两个关键问题：如何正确且有效地储存各种 BIM 模型数据和如何正确且快速地找到所需要的 BIM 信息。

针对 BIM 模型数据如何有效整合并储存，以 building SMART 组织为首提出的 OpenBIM 认证来解决这个问题，该认证由 buildingSMART、GRAPHISOFT、TEKLA、Trimble、NEME-TSCHEK 及 DATADESIGNSYSTEM 共同发起，让所有信息基于一个开放的标准和流程进行协同设计、建筑实作和营运管理。OpenBIM 认证提供 AEC 软件供货商改进、测试和认证数据连接，帮助数据交换与其他 OpenBIM 软件解决方案衔接。其主要数据交换及单元格式便是 buildingSMART 的前身国际协同工作联盟（International Alliance for Interoperability，IAI）于 1997 年所提出的工业基础分类（Industry Foundation Class，IFC）数据标准。

IFC 自 1997 年 1 月发布以来，已经历了六个主要的改版，其中 IFC2×3 是目前大多数市面上的 BIM 软件支持的版本，而 2010 年底所发表的 IFC2×4 被认为是最符合 OpenBIM 协同设计概念的跨时代的版本。IFC 格式标准为了能够完整地描述工程所有对象，透过面向对象的特性，以继承、多型、封装、抽象、参照等各种不同的关系来描述数据间的关联性。IFC 也包含三个 ISO 标准进行细部的数据描述，分别是透过 ISO10303 的第 11 部分使用 EX-PRESS 描述语言来定义 IFC 对象之属性；ISO10303 的第 21 部分实作方法建立编码及交换格式；以及 ISO10303 的第 28 部分的 XML 表示方法。

为了明确表达所有工程数据的关系，IFC 目前已针对既有对象加以定义，以 IFC2×4 为例，在实体（Entity）定义方面已有 766 个、定义数据形态（Defined Types）上共有 126 种、列举数据形态（Enumeration Types）有 206 种、选择数据形态（Select Types）有 59 种，而内建函数（Functions）共有 42 个、内建规则（Rules）有 2 个、属性集（Property Sets）有 408 个、数量集（Quantity Sets）有 91 个、独立属性（Individual Properties）共有 1691 个，使用者可依照其规定自定义所需的对象，其组合可有效地描述记录所有工程信息。

目前市面上常见的 BIM 模型建立软件（如 Autodesk Revit、Bentley AECOsim、TEKLA）都已支持 IFC 格式汇入及汇出，GRAPHISOFT ArchiCAD 甚至直接以 IFC 作为数据单元格式，所有档案都以 IFC 方式进行储存。因此，透过 IFC 文件格式使用 BIM 模型，可以不限定前一阶段使用的建模软件，只要支持 IFC 输出格式的数据，都可以汇入 OpenBIM 系统。

2.4.2　BIM 的数据交换方式

BIM 模型中存在项目信息、对象标识符、参数化属性标识符、参数数据格式等基本信息，在 BIM 应用过程中会出现协同共享的功能。目前市面上三大建模工具（Autodesk Revit，GRAPHISOFT ArchiCAD 和 Bentley AECOsim）都可以完成 BIM 模型信息的交换，共有四种数据交换方式，下面将按操作的难易程度的顺序来阐述。

1. 电子数据表（Spread Sheet）

大部分的 BIM 设计工具皆有输出明细报表（Schedule）之功能，并可以在输出后用其他电子表格软件（如 Microsoft Excel）来编辑，但若要修改表格中的属性值或实时反映（即动态交互参照）修改模型后的属性值，则必须回到原本采用的 BIM 设计工具来操作。基本上，电子数据表位于 BIM 设计工具的内部环境中，难以与外界沟通，也就是连基本的互操作性都有较大的问题，因此较适合用于信息撷取和输出，对于信息回馈则较不适用。

2. 公开标准格式（Open Standard）

与 BIM 相关的公开标准格式很多，可以达到一定程度互操作性的却很少，这些公开标准较知名的有：IFC、COBie、gbXML 等。目前大部分的 BIM 设计工具皆支持 IFC 格式的档案输出，而 COBie、gbXML 等其他公开标准格式也有部分支持，即便没有支持，也可通过插件来输出该格式的档案。公开标准是一种追求完美的理想，IFC 的相互操作性在近年来的确有所提升，而 COBie 和 gbXML 等格式则较不具通用性，分别较适用于设备管理和能源分析。但整体而言，无论何种公开标准，在信息回馈方面的互操作性仍有待改善。

3. 开放数据库互联（ODBC）

用外部数据库来管理 BIM 模型中的信息不失为一个解决互操作性的好方法。ODBC 是个发展已久的标准数据库接口，但由于数据库的操作门槛和维护成本皆不低，若模型管理者和利害关系人欲使用数据库来进行信息交换，额外开发数据库应用程序和按实际需求来自定义使用界面或许是必要的。此外，ODBC 的应用实例大多搭配传统常用的关系型（Relational）数据库，而关系数据库的数据纲要（Schema）对于 BIM 模型多变且复杂的面向对象（Object-oriented）结构在进行对象关联对应（Object Relational Mapping，ORM）时很难概括承受。

4. 应用程序编程接口（API）

大部分的 BIM 设计工具皆提供 API，让具备程序开发能力的用户延伸其核心功能。信息撷取和回馈当然是非常普遍的应用，但使用 API 管理的门槛比用数据库来管理的门槛高出许多，因此使用 API 来进行数据交换，除了必须具备面向对象的程序开发能力，还需对 BIM 设计工具的对象核心架构相当了解，且不同的 BIM 设计工具有不同的 API，使难度增加，因此模型管理者和利害关系人欲直接通过 API 来进行数据交换可谓很难。此外，API 的应用范围和弹性虽高，但若只采用 API 来开发 BIM 设计工具的插件，则又回到以档案为基础（File-based）的数据交换模式，对于协同作业、版本管控和互操作性而言不见得较有效率。

BIM 模型主要由 BIM 建模软件工具来建立，故建模工具是最基础的 BIM 设计工具，若将建模工具视为一个独立的计算机系统，则将信息从此系统提取出来或存放进去的动作即是一种信息撷取或信息回馈的操作。在市场占有率较高的几个建模工具中，具备信息撷取的功能和方法较多，信息回馈的功能和方法则较少，且普遍存在技术门槛较高、互操作性较差和效率不彰等问题。

2.4.3　我国的 BIM 标准体系

根据住房和城乡建设部《关于印发 2012 年工程建设标准规范制订修订计划的通知》（建标〔2012〕5 号）和《关于印发 2015 年工程建设标准规范制订、修订计划的通知》（建标〔2014〕189 号），立项编制国家标准。其主要内容如下：

1. 建筑信息模型应用统一标准

《建筑信息模型应用统一标准》（GB/T 51212—2016）自 2017 年 7 月 1 日起实施。该标准对在整个项目生命周期里，该怎么建立、共享、使用 BIM 模型，做出了统一的规定，包括模型的数据要求、模型的交换及共享要求、模型的应用要求、项目或企业具体实施的其他要求等，其他标准应遵循统一标准的要求和原则，类似 BIM 标准只规定核心的原则，不规定具体细节。

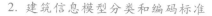

2. 建筑信息模型分类和编码标准

《建筑信息模型分类和编码标准》（GB/T 51269—2017）自 2018 年 5 月 1 日起实施。该标准对应着国际标准体系的第一类即分类编码标准 IFD，面向建筑工程领域的全生命周期规定了各类信息的分类方式和编码办法，这些信息包括建设资源、建设行为和建设成果。它在数据结构和分类方法上与 OmniClass 基本一致，但具体分类编码编号有所不同。对于指导 BIM 软件开发商或者第三方工具的开发商，该标准对于信息的整理、关系的建立、信息的使用都起着关键作用。

3. 建筑信息模型存储标准

《建筑信息模型存储标准》（GB/T 51447—2021）自 2022 年 2 月 1 日起实施。该标准对应着国际标准体系的第二类，即数据模型标准 IFC，针对建筑工程对象的数据描述架构（Schema），对建筑工程全生命周期各个阶段的建筑信息模型数据的存储和交换，以及建筑信息模型应用软件输入和输出数据通用格式及一致性的验证等做出规定，以便于信息化系统能够准确、高效地完成数字化工作，并以一定的数据格式进行存储和数据交换。BIM 的核心是信息，但 BIM 的应用信息数据严重滞后，信息的更新已经成为 BIM 落地的重要制约因素，该标准将建筑信息模型的数据模式架构分层为核心层、共享层、专业领域层和资源层等，对各层数据的引用和软件之间的数据交互给出了规范要求。

其余三个国家标准为《建筑信息模型设计交付标准》《制造工业工程设计信息模型应用标准》和《建筑信息模型施工应用标准》，这三本标准都是执行标准，对应的是国际标准体系的第三类即过程交换标准 IDM，分别围绕设计、制造和施工中实际数据的生产与使用进行了规定。

4. 建筑信息模型设计交付标准

《建筑信息模型设计交付标准》（GB/T 51301—2018）自 2019 年 6 月 1 日起实施。该标准含有 IDM 的部分概念，也包括设计应用方法，规定了交付准备、交付物、交付协同三方面内容，包括建筑信息模型的基本架构（单元化），模型精细度（LOD），几何表达精度（Gx），信息深度（Nx）、交付物、表达方法、协同要求等。该标准对 BIM 模型的命名规则、每个环节对应的 LOD 等级，应该包含哪些信息等进行了细致的规定，如建筑基本信息，属性信息，地理信息，围护信息，水、电、暖设备信息等。此外，该标准指明了"设计 BIM"的本质就是建筑物自身的数字化描述，从而在 BIM 数据流转方面发挥了标准引领作用。行业标准《建筑工程设计信息模型制图标准》是该标准的细化和延伸。

5. 制造工业工程设计信息模型应用标准

《制造工业工程设计信息模型应用标准》（GB/T 51362—2019）自 2019 年 10 月 1 日起实施。该标准是专门面向制造业工厂和设施的 BIM 执行标准，内容包括这一领域的 BIM 设计标准、模型命名规则，数据该怎么交换、各阶段单元模型的拆分规则、模型的简化方法、项目该怎么交付，以及模型精细度要求等，它专门适用于制造业工厂（不包括一般工业建筑）的设计与建造。

6. 建筑信息模型施工应用标准

《建筑信息模型施工应用标准》（GB/T 51235—2017）自 2018 年 1 月 1 日起实施。该标准面向施工和监理，规定其在施工过程中该如何使用 BIM 模型中的信息，以及如何向他人交付施工模型信息，包括深化设计、施工模拟、预加工、进度管理、成本管理等方面。

思 考 题

1. BIM 模型按精细程度可以分为哪五个等级？
2. BIM 模型中构件级模型单元的命名由哪几部分组成？
3. BIM 的主流建模软件有哪些？
4. BIM 的协同平台有哪些？
5. BIM 数据交换方式有哪些？
6. 我国已发布的 BIM 标准有哪几部？

第3章

BIM的规划与组织

本章要点

1. 各参建方的主要 BIM 需求。
2. 各阶段 BIM 成果交付需求。
3. 企业 BIM 实施规划。
4. 项目 BIM 实施规划。
5. BIM 与 IPD 模式的协同实施。

学习目标

1. 熟悉各参建方的 BIM 主要应用需求。
2. 熟悉各阶段 BIM 成果交付需求。
3. 了解企业级和项目级的 BIM 实施规划。
4. 了解 BIM 与 IPD 模式协同实施的过程。

■ 3.1 BIM 的需求规划

3.1.1 建设单位的 BIM 需求

建设单位是建设工程生产过程的总集成者——人力资源、物质资源和知识的集成,是建设工程生产过程的总组织者,也是建设项目的发起者及项目建设的最终责任者。建设单位的项目管理是建设项目管理的核心。作为建设项目的总组织者、总集成者,建设单位的项目管理任务繁重、涉及面广且责任重大,其管理水平与管理效率直接影响建设项目的增值。建设单位往往希望通过 BIM 技术应用来控制投资,提高建设效率,同时构建真实有效的竣工运维模型并收集信息,为竣工运维服务,也希望在实现上述需求的前提下,通过积累实现项目的信息化管理和数字化管理。

建设单位应首先明确利用 BIM 技术实现什么目的,更好地进行项目管理工作。建设单位 BIM 项目管理的应用与需求见表 3-1。

表 3-1 建设单位 BIM 项目管理的应用与需求

编号	应用	需求
1	可视化的投资方案	能反映项目的功能,满足建设单位的需求,实现投资目标
2	可视化的项目管理	支持设计、施工阶段的动态管理,及时消除差错,控制建设周期及项目投资
3	可视化的物业管理	与施工过程记录信息关联,不仅利于后续的物业管理,而且可以在未来进行的翻新、改造、扩建过程中为建设单位及项目团队提供有效的历史信息

建设单位应用 BIM 技术能够满足的需求点如下:

1. 招标管理

BIM 辅助建设单位进行招标管理主要体现在以下六个方面:

(1) 数据共享　BIM 的可视化能够让投标人深入了解招标人所提出的条件,避免信息孤岛的产生,保证数据的共通共享及可追溯性。

(2) 经济指标的控制　控制经济指标的精确性与准确性,避免建筑面积与限高误差超标。

(3) 无纸化招标投标　实现无纸化招标投标,节约大量纸张和装订费用,真正做到绿色、低碳、环保。

(4) 削减招标投标成本　可实现招标投标的跨区域、低成本、高效率、更透明、现代化,大幅度削减招标的投入成本。

(5) 整合招标文件　整合所有招标文件,量化各项指标,对比论证各投标人的总价、综合单价及单价构成的合理性。

(6) 评标管理　记录评标过程并生成数据库,对操作员的操作进行实时监督,评标过程可事后查询,最大限度地减少暗箱操作、虚拟招标投标等行为,有利于规范市场秩序,防止权力寻租与腐败,有效推动招标投标工作的公开化和法治化。

2. 设计管理

BIM 辅助建设单位进行设计管理主要体现在以下四个方面:

(1) 协同工作　基于 BIM 的协同设计平台,能够让建设单位与各专业工程参与者实时更新观测数据,在最短时间内实现图样与模型合一。

(2) 周边环境模拟　对工程周边环境进行模拟,对拟建造工程进行性能分析,如舒适度、空气流动性、噪声云图等指标,对于城市规划及项目规划意义重大。

(3) 复杂建筑曲面的建立　在面对复杂建筑时,在项目方案设计阶段应用 BIM 软件也可以达到建立建筑曲面的目的。

(4) 图样检查　BIM 团队的专业工程师能够协助建设单位检查项目图样的"错、漏、碰、缺",达到更新和修改的最低化。

3. 工程量统计

工程量的计算是工程造价中最烦琐的部分。利用 BIM 技术辅助工程量计算,能大大减轻预算的工作强度。利用 BIM 技术提供的参数更改技术能够将针对建筑设计或文档任何部分所做的更改自动反映到其他位置,从而帮助工程师们提高协同效率以及工作质量。BIM 技术具有强大的信息集成能力和三维可视化图形展示能力,利用 BIM 技术建立起的三维模型可以全面地加入工程建设的所有信息。根据模型能够自动生成符合国家工程量清单计价规范标准的工程量清单及报表，快速统计和查询各专业工程量，对材料计划和使用进行精细化控制，避免材料浪费，如利用BIM信息化特征可以准确提取整个项目中防火门数量的准确数字、防火门的不同样式、安装日期、出厂型号、尺寸大小等，甚至可以统计防火门的把手形式等细节。

4. 施工管理

建设单位对现场目标的控制、承包商的管理、设计者的管理、合同管理手续办理、项目内部及周边协调等问题是管理的重中之重，急需一个专业的平台来提供各个方面庞大的信息和实施各个方面人员的管理。BIM技术正是解决此类工程问题的不二之选。

BIM辅助建设单位进行施工管理的优势主要体现在以下方面：

1）验证总包施工计划的合理性，优化施工顺序。

2）使用3D和4D模型明确分包商的工作范围，管理协调交叉作业，监控施工过程，可视化地报送工程进度。

3）对项目中所需的土建、机电、幕墙和精装修所需要的材料进行监控，保证项目中成本的控制。

4）在工程验收阶段，利用3D扫描仪扫描工程完成面的信息，与模型参照对比来检验工程质量。

5. 物业管理

在建筑物使用寿命期间，建筑物结构设施（如墙、楼板、屋顶等）和设备设施（如设备、管道等）都需要经常进行维护。一个成功的维护方案将提高建筑物性能，降低能耗和修理费用，进而降低总体维护成本。BIM结合运营维护管理系统可以充分发挥空间定位和数据记录的优势，合理制订维护计划，分配专人专项维护，以降低建筑物在使用过程中出现突发状况的概率。BIM辅助建设单位进行物业管理主要体现在以下方面：

1）设备信息的三维标注：可在设备管道上直接标注名称、规格、型号，三维标注能够跟随模型移动、旋转。

2）属性查询：在设备上单击鼠标右键，可以显示设备的具体规格、参数、生产厂家等。

3）外部链接：在设备上单击，可调出有关设备的其他格式文件，如维修状况、仪表数值等。

4）隐蔽工程：工程结束后，各种管道可视性降低，给设备维护、工程维修或二次装饰工程带来一定难度。BIM清晰记录各种隐蔽工程，避免施工错误。

5）模拟监控：物业对一些净空高度、结构有特殊要求，BIM提前解决各种要求，并能生成VR文件，可以与客户互动阅览。

6. 空间管理

空间管理是建设单位为节省空间成本、有效利用空间、为最终用户提供良好工作生活环境而对建筑空间所做的管理。BIM可以帮助管理团队记录空间的使用情况，处理最终用户要求空间变更的请求，分析现有空间的使用情况，合理分配建筑物空间，确保空间资源的最大利用率。

7. 推广销售

利用BIM技术和虚拟现实技术可以将BIM转化为具有很强交互性的虚拟现实模型。将虚拟现实模型联合场地环境和相关信息，可以组成虚拟现实场景。在虚拟现实场景中，用户可以定义第一视角的人物，并实现在虚拟场景中的三维可视化的浏览。将BIM三维模型赋予照片级的视觉效果，以第一人称视角浏览建筑内部，能直观地将建筑的空间感觉展示给用户。

提交的整体三维模型能极大地方便用户了解户型，更重要的是能避免装修时对建筑机电管道线路的破坏，降低装修成本，避免经济损失。利用已建立好的BIM，可以轻松导出建筑和房间的渲染效果图。利用BIM前期建立的模型，可以直接获得如真实照片般的渲染效果，省去了二次建模的时间和成本，还能达到展示的效果。这对建筑的推广销售起到极大的促进作用。

BIM辅助建设单位进行推广销售主要体现在以下两方面：

1）面积监控：BIM可自动生成建筑及房间面积，并加入面积计算规则，添加所有建筑楼层房间使用性质等相关信息，作为未来楼盘推广销售的数据基础。

2）虚拟现实：为用户提供三维可视化模型，并提供在三维模型中的漫游，使其有身临其境的感觉。

3.1.2 设计单位的 BIM 需求

作为项目建设的一个参与方，设计单位的项目管理主要服务于项目的整体利益和设计单位本身的利益。设计单位项目管理的目标包括设计的项目建设的成本目标、进度目标、质量目标和投资目标。项目建设的投资目标能否实现与设计工作密切相关。设计单位的项目管理工作主要在设计阶段进行，但它也会向前延伸到设计准备阶段，向后延伸至施工阶段、动用前准备阶段和保修期等。设计单位BIM项目管理的应用需求见表3-2。

表 3-2 设计单位 BIM 项目管理的应用需求

编号	应用	需求
1	增强沟通	通过创建模型，更好地表达设计意图，满足建设单位需求，减少因双方理解不同带来的重复工作和项目品质下降
2	提高设计效率	通过BIM三维空间设计技术，将设计和制图完全分开，提高设计质量和制图效率，整体提升项目设计效率
3	提高设计质量	利用模型及时进行专业协同设计，通过直观可视化协同和快速碰撞检查，把"错、漏、碰、缺"等问题消灭在设计过程中，从而提高设计质量
4	可视化的设计会审和参数协同	基于三维模型的设计信息传递和交换将更加直观、有效，有利于各方沟通和理解
5	提供更多、更便捷的性能分析	如绿色建筑分析应用，通过BIM模拟建筑的声学、光学以及建筑物的能耗、舒适度，进而优化其物理性能

设计单位应用BIM技术能够满足的需求点如下：

1. 三维设计

BIM技术的发展，更加完善了三维设计领域：BIM技术引入的参数化设计理念，极大地简化了设计本身的工作量，将设计带入一个全新的领域。通过信息的集成，使得三维设计的设计成品（即三维模型）具备更多的可供读取的信息，为后期的生产提供更大的支持。

BIM由三维立体模型表述，从初始就是可视化的、协调的，它直观形象地表现出建筑建成后的样子，然后根据需要从模型中提取信息，将复杂的问题简单化。基于BIM的二维、三维设计能够精确表达建筑的几何特征。相对于二维绘图，三维设计不存在几何表达障碍，对任意复杂的建筑造型均能准确表现。通过进一步将非几何信息集成到三维构件中，如材料特征、物理特征、力学参数、设计属性、价格参数、厂商信息等，使得建筑构件成为智能实体，三维模型升级为BIM。BIM可以通过图形运算并考虑专业出图规则自动获得二维图样，并可以提取出其他的文档，如工程量统计表等，还可以将模型用于建筑能耗分析、日照分析、结构分析、照明分析、声学分析、客流和物流分析等诸多方面。

2. 协同设计

协同设计是当下设计行业技术更新的一个重要方向，也是设计技术发展的必然趋势。协同设计有两个技术分支：一个主要适用于大型公共建筑及复杂结构的三维BIM协同，另一个主要适用于普通建筑及住宅的二维CAD协同。通过协同设计建立统一的设计标准，包括图层、颜色、线型、打印样式等。在此基础上，所有设计专业人员在统一的平台上进行设计，减少现行各专业之间以及专业内部由于沟通不畅或沟通不及时导致的"错、漏、碰、缺"，真正实现所有图样信息的统一性，实现若一处修改，其他部分则自动修改，提升设计效率和设计质量。同时，协同设计也对设计项目的规范化管理起到重要作用，包括进度管理、设计文件统一管理、人员负荷管理、审批流程管理、自动批量打印、分类归档等。

3. 建筑节能设计

建设项目的景观可视度、日照、风环境、热环境、声环境等性能指标在开发前期就已经基本确定，但是由于缺少合适的技术手段，一般项目很难有时间和费用对上述各种性能指标进行多方案分析模拟，BIM技术为建筑性能分析的普及应用提供了可能性。基于BIM的建筑性能化分析包含以下内容：

1）室外风环境模拟：改善建筑周边人行区域的舒适性，通过调整规划方案中建筑布局、景观和绿化布置，改善流场分布，减小涡流现象，提高环境质量等。

2）自然采光模拟：分析相关设计方案的室内自然采光效果，通过调整建筑布局、饰面材料、围护结构的可见光透射比等，改善室内自然采光效果，并根据采光效果调整室内布局布置等。

3）室内自然通风模拟：分析相关设计方案，通过调整通风口位置、尺寸、建筑布局等改善室内流场分布情况，并引导室内气流，组织有效的通风换气，改善室内舒适情况。

4）建筑群体热环境模拟分析：模拟分析建筑群体的热岛效应，采用合理优化建筑单体设计、群体布局和加强绿化等方式削弱热岛效应。

5）建筑环境噪声模拟分析：计算机声环境模拟的优势在于，建立几何模型之后，能够在短时间内通过材质的变化及房间内部装修的变化，来预测建筑的声学质量，以及对建筑声学改造方案进行可行性预测。

4. 效果图及动画展示

BIM系列软件具有强大的建模、渲染和动画功能，通过BIM可以将专业、抽象的二维建筑描述通俗化、三维直观化，使得建设单位等非专业人员对项目功能性的判断更为明确和高效。此外，如果设计意图或者使用功能发生改变，基于已有BIM模型，可以在短时间内修改完毕，效果图和动画也能及时更新。效果图和动画的制作功能是BIM技术的一个附加功能，其成本较专门的动画设计或效果图的制作成本大大降低，使得企业在较少的投入下能获得更多的回报。如对于规划方案，基于 BIM 能够进行预演，方便建设单位和设计单位进行场地分析、建筑性能预测和成本估算，对不合理或不健全的方案进行及时的更新和补充。

5. 碰撞检测

二维图样不能用于空间表达，使得图中存在许多意想不到的碰撞盲区。目前的设计方式多为"隔断式"设计，各专业分工作业，依赖人工协调项目内容和分段，这也导致设计往往存在专业间的碰撞。同时，在机电设备和管道线路的安装方面也存在软件碰撞的问题（即实际设备、管线间不存在实际的碰撞，但在安装方面会造成安装人员、机具不能到达安装位置的问题）。BIM 的可视化技术，在建造之前就可以对项目的土建、管线、工艺设备等进行管线综合及碰撞检查，不但能够彻底消除硬碰撞、软碰撞，优化工程设计，减少在建筑施工阶段可能存在的错误损失和返工的可能性，而且能够优化净空和管线排布方案。

6. 设计变更

设计变更是指设计单位依据建设单位要求调整，或对原设计内容进行修改、完善、优化。引入 BIM 技术后，利用 BIM 技术的参数化功能，可以直接修改原始模型，并可实时查看变更是否合理，减少变更后的再次变更，提高变更的质量。例如：管道安装的变更，若采用传统的变更方法，需要对统一节点的各个视图依次进行修改；若在 BIM 技术的支持下，只需在一个视图上对节点进行变更调整，其他视图的相应节点就都进行了修改，这样大幅度地压缩了图样修改的时间，极大地提高了效率。

3.1.3 施工单位的 BIM 需求

施工项目管理是以施工项目为管理对象，以项目经理责任制为中心，以合同为依据，按施工项目的内在规律，实现资源的优化配置和对各生产要素进行有效的计划、组织、指导、控制，以取得最佳的经济效益的活动。施工项目管理的核心任务就是项目的目标控制。施工项目的目标界定了施工项目管理的主要内容，就是"三控三管一协调"，即成本控制、进度控制、质量控制、职业健康安全与环境管理、合同管理、信息管理和组织协调。

施工单位是项目的最终实现者，是竣工模型的创建者。施工企业的关注点是现场实施，关心 BIM 如何与项目结合，如何提高效率和降低成本。在项目 BIM 应用过程中，BIM 应作为项目部管理人员日常工作的工具。施工单位综合协调及管理各部门及专业分包单位 BIM 工程成果，并进行施工中的深入应用，解决现场问题，指导施工，最后形成满足运维信息管理的竣工模型。因此，施工单位 BIM 项目管理的应用需求见表 3-3。

表 3-3　施工单位 BIM 项目管理的应用需求

编号	应用	需求
1	理解设计意图	可视化的设计图会审能帮助施工人员更快、更好地解读工程信息，并尽早发现设计错误，及时进行设计联络
2	降低施工风险	利用模型进行直观的"预施工"，预知施工难点，更大限度地消除施工的不确定性和不可预见性，保证施工技术措施的可行、安全、合理和优化
3	把握施工细节	在设计单位提供的模型基础上进行施工深化设计，解决设计信息中没有体现的细节问题和施工细部做法，更直观、更切合实际地对现场施工工人进行技术交底
4	更多的工厂预制	为构件加工提供最详细的加工详图，减少现场作业，保证质量
5	提供便捷的管理手段	利用模型进行施工过程荷载验算、进度物料控制、施工质量检查等

施工单位应用 BIM 技术能够满足的需求点如下：

1. 施工模型建立

施工前，施工方案制订人员需要进行详细的施工现场查勘，重点研究解决施工现场整体规划、进场位置、卸货区位置、起重机械位置及危险区域等问题，确保建筑构件在起重机械安全范围内作业；施工方法通常由工程产品和施工机械的使用决定，现场的整体规划、现场空间、机械生产能力、机械安拆的方法又决定施工机械的选型；临时设施是为工程施工服务的，它的布置将影响到工程施工的安全、质量和生产效率。

鉴于以上原因，施工前根据设计单位提供的 BIM 设计模型，建立包括建筑构件、施工现场、施工机械、临时设施等在内的施工模型。基于该施工模型，可以完成以下内容：

1）基于施工构件模型，将构件的尺寸、体积、质量、材料类型、型号等记录下来，然后针对主要构件选择施工设备、机具，确定施工方法。

2）基于施工现场模型，模拟施工过程、构件吊装路径、危险区域、车辆进出现场状况、装货和卸货情况等，直观、便利地协助管理者分析现场的限制，找出潜在的问题，制订可行的施工方案。

3）基于临时设施模型，能够实现临时设施的布置及运用，帮助施工单位事先准确地估算所需要的资源，评估临时设施的安全性和是否便于施工，以及发现可能存在的设计错误。

整个施工模型的建立能够提高效率，减少传统施工现场布置方法中存在的漏洞，及早发现施工图设计和施工方案的问题，提高施工现场的生产率和安全性。

2. 施工质量管理

在工程质量管理中，人们既希望对施工总体质量概况有所了解，又要求能够关注某个局部或分项的质量情况。BIM 作为一个直观有效的载体，无论是整体还是局部质量情况，都能够以特定的方式呈现。将工程现场的质量信息记录在 BIM 之内，可以有效提高质量管理的效率。基于 BIM 的施工质量管理可分为材料设备质量管理与施工过程质量管理两方面。

（1）材料设备质量管理　材料设备质量是工程质量的源头。在基于 BIM 的质量管理中，可以由施工单位将材料管理的全过程信息（包括各项材料的合格证、质保书、原厂检测报告等信息）进行录入，并与构件部位进行关联。监理单位同样可以通过 BIM 开展材料信息的审核工作，并将所抽样送检的材料部位在模型中进行标注，使材料管理信息更准确、有追溯性。

（2）施工过程质量管理　将 BIM 与现场实际施工情况对比，将相关检查信息关联到构件，有助于明确记录内容，便于统计与日后复查。隐蔽工程、分部分项工程和单位工程质量报验，审核过程中的相关数据均为可结构化的 BIM 数据。引入 BIM 技术，报验申请方将相关数据输入系统后可自动生成报验申请表，应用平台上可设置相应责任者审核、签认实时短信提醒，审核后及时签认。该模式下，标准化、流程化信息录入与流转，可提高报验审核信息流转效率。

3. 施工进度管理

（1）可视化的工程进度安排　建设工程进度控制的核心技术是网络计划技术。目前，该技术在我国的利用效果并不理想。平面网络计划不够直观，但 BIM 在这一方面有优势，通过与网络计划技术的集成，BIM 可以按月、周、天直观地显示工程进度计划，一方面便于工程管理人员进行不同施工方案的比较，选择符合进度要求的施工方案；另一方面便于工程管理人员发现工程计划进度和实际进度的偏差，及时进行调整。

（2）对工程建设过程的模拟　工程建设是一个多工序搭接、多单位参与的过程。工程进度计划是由各个子计划搭接而成的。在传统的进度控制技术中，各子计划间的逻辑顺序需要技术人员来确定，这难免会出现逻辑错误，造成进度拖延。BIM技术使用计算机模拟工程建设过程，使项目管理人员更容易发现在二维网络计划技术中难以发现的工序间的逻辑错误，优化进度计划。

（3）对工程材料和设备供应过程的优化　随着项目建设过程越来越复杂，参建单位越来越多。其中，大部分参建单位是与工程建设利益关系不十分紧密的设备、材料供应商。如何安排设备、材料供应计划，在保证工程建设进度需要的前提下，节约运输和仓储成本，正是"精益建设"的重要问题。BIM为"精益建设"思想提供了技术手段，通过计算机的资源计算、资源优化和信息共享功能，可以达到节约采购成本、提高供应效率和保证工程进度的目的。

4. 施工成本管理

BIM比较成熟的应用领域是成本管理，它也被称为5D技术。其实，在CAD平台上，我国的一些建设管理软件公司已对这一技术进行了深入的研发；而在BIM平台上，这一技术可以得到更大的发展。BIM在施工成本管理中的优势主要表现在以下几方面：

（1）简化工程量计算　基于CAD技术绘制的设计图，在用计算机自动统计和计算工程量时必须履行这样一个程序：由预算人员与计算机互动，来确定计算机存储的线条的属性，如果是梁、板或柱，则这种"三维算量技术"是半自动化的；而在BIM平台上，设计图的元素不再是单纯的几何线条，而是带有属性的构件。这就节省预算人员与计算机互动的时间，实现了"三维算量技术"的全自动化。

（2）加快工程结算进程　工程实施期间进度款支付拖延，工程完工数年后没有经费结算的例子屡见不鲜。如果排除建设单位的资金及人为因素，造成这些问题的一个重要原因在于工程变更多、结算数据存在争议等。BIM技术有助于解决这些问题：一方面，BIM有助于提高设计图质量，减少施工阶段的工程变更；另一方面，如果建设单位和施工单位达成协议，基于同一BIM进行工程结算，结算数据的争议会大幅度减少。

（3）多算对比，有效管控　管理的支撑是数据，项目管理的基础就是工程基础数据的管理，及时、准确地获取相关工程数据就是项目管理的核心竞争力。BIM数据库可以实现任一时点上工程基础信息的快速获取，通过对消耗量、分项单价、分项合价等数据的"三量"（合同量、计划量、实际施工量）对比，可以有效了解项目的运营盈亏情况、消耗量有无超标、进货分包单价有无失控等，实现对项目成本风险的有效管控。

5. 施工安全管理

1）将BIM作为数字化安全培训的数据库，可以达到更好的效果。BIM能帮助对施工现场不熟悉的新工人，更快和更好地了解现场的工作环境。不同于传统的安全培训，利用BIM的可视化和与实际现场相似度很高的特点，可以让工人更直观和准确地了解现场的状况（他们将从事哪些工作、哪些地方容易出现危险等），从而制订相应的安全工作策略。这对于一些复杂的现场施工效果尤为显著。此外，如果机械设备操作不当很容易发生事故，特别是对于一些本身危险系数较高的建设项目（如地下工程），通过在虚拟环境中查看即将被建造的要素及相应的设备操作，工人能够更好地识别危险并且采取控制措施，这使得任务能够被更快和更安全地完成。

2）BIM还可以提供可视化的施工空间。BIM的可视化是动态的。施工空间随着工程的进展会不断变化，它将影响工人的工作效率和施工安全。通过可视化模拟工作人员的施工状况，可以形象地看到施工工作面的情形、施工机械的位置，并评估施工进展中这些工作空间的可用性、安全性。

3）BIM还可以进行仿真分析及健康监测。对于复杂工程，在施工中将不利因素对施工的影响进行实时识别和调整，准确地模拟施工中各个阶段结构系统的时变过程，合理安排施工进度，控制施工中结构的应力-应变状态处于允许范围内，都是目前建筑领域迫切需要研究的内容与技术。仿真分析技术能够模拟建筑构件在施工不同时段的力学性能和变形状态，通常采用大型有限元软件来实现结构的仿真分析，但对于复杂建筑物的分析需要进行二次开发。对施工过程，特别是重要构件和关键工序进行实时监测，可以及时了解施工过程中构件的受力和运行状态。施工监测技术的先进合理与否，对施工控制起着至关重要的作用，这也是施工过程信息化的一个重要内容。

3.1.4 不同阶段的 BIM 成果交付需求

根据《建筑信息模型交付标准》（DB13（J）/T 8337—2020），BIM的成果交付需要满足各阶段的BIM应用需求，主要有：

1. 一般需求

1）项目各阶段交付模型深度和与之关联的数据、文本等信息，应符合现行相关标准、规范的要求。

2）对于交付物应编制交付方案，明确交付组织形式、交付流程、交付方式、交付物格式、存储方式及存储硬件和运行搭载软件或平台的类型。

3）交付物应按交付方案约定的形式、进度计划交付，并应提供纸质版本的移交清单，移交清单须包括文件名称、格式、描述、版本、修改日期、验收评价情况、其他等内容。

4）交付物应按移交清单逐项组织接收，并核查验收评价情况，保证各阶段交付物的完整性、合规性和可用性。

5）交付方与接收方应共同签订移交接收单，附移交清单、搭载交付物的存储设备、纸版文件及其他相关文件。

2. 设计阶段需求

1）建筑信息设计模型应分阶段交付，包括概念或方案设计阶段、初步设计阶段、施工图设计阶段。

2）模型深度应符合对应工程设计阶段使用需求，并应保证交付物的准确性。

3）交付模型应满足对应阶段工程建设经济指标计量要求。

4）交付物内容、交付格式、模型的后续使用和相关的知识产权应在合同中明确规定。

5）用于设计概算、施工图预算的设计模型中的构件分类应符合清单规范、定额的相关要求。

6）设计模型宜满足估算、概算、施工图预算、工程量清单与招标控制价的相关要求。

设计阶段交付物应包含概念或方案设计、初步设计、施工图设计、实施阶段设计管理等阶段的成果，并满足表 3-4 要求。

表 3-4　设计阶段交付物

阶段	交付内容
概念或方案设计阶段	1. 建筑场地原始地质、地貌模型及相关数据分析报告 2. 规划选址、可行性研究、规划报批、建筑信息模型实施方案等建筑信息模型及与信息模型相关联的文本、信息、数据、批复文件 3. 方案设计模型及创建模型所产生的所有方案、附表、附图、附文 4. 由模型创建并与模型相关联的所有二维表达的图样、图表 5. 基于模型并与模型相关联的空间分析、声环境分析、日照分析、热工分析、噪声分析、交通人流分析、景观可视度分析、消防疏散模拟分析、其他分析等所有分析报告及附表、附图、附文 6. 基于模型产生并与模型相关联的估算等工程量、价格清单、价格信息、统计分析报告 7. 国家、省市法律法规规定或设计、咨询合同约定的其他交付物
初步设计阶段	1. 初步设计模型及创建模型所产生的所有方案、附表、附图、附文 2. 由模型创建并与模型相关联的所有二维表达的图样、图表 3. 基于模型并与相关联的性能分析、净空分析、碰撞检查、其他等所有分析报告及附表、附图、附文 4. 基于模型产生并与模型相关联的概算等工程量、价格清单、价格信息、统计分析报告 5. 国家、省市法律法规规定或设计、咨询合同约定的其他交付物
施工图设计阶段	1. 施工图设计模型及创建模型所产生的所有方案、附表、附图、附文 2. 由模型创建并与模型相关联的所有二维表达的图样、图表 3. 基于模型并与模型相关联的碰撞检查、管线综合、其他等所有分析报告及附表、附图、附文 4. 基于模型产生并与模型相关联的预算、工程量清单等工程量、价格清单、价格信息、统计分析报告 5. 设计变更所涉及建筑信息模型及信息的变动所产生的所有模型、信息、数据、文本及审批、实施文件 6. 国家、省市法律法规规定或设计、咨询合同约定的其他交付物

3. 施工阶段需求

1）建筑信息施工模型应分阶段交付，包括施工深化模型、施工过程模型、竣工验收模型。

2）在项目各施工交付阶段前，应明确本项目 BIM 实施目标及成果交付要求。

3）在各施工交付阶段，交付方应及时提交准确表达相关施工信息的施工模型。

4）施工深化阶段交付物应满足现场施工深化的具体实施要求。施工措施交付物应满足施工操作规程与施工工艺的要求，且应能录入及提取施工过程信息。

5）施工过程阶段交付物应满足对施工现场进行各项工作管理的需求。

6）施工过程模型宜满足施工过程产品选用、集中采购、施工阶段造价控制的相关要求。

7）竣工交付阶段交付物应满足施工阶段竣工和归档数据整理的要求。

8）竣工模型宜满足结算的相关要求。

施工阶段交付物应包含施工深化、施工过程、竣工验收等阶段的成果，并满足表 3-5 要求。

表 3-5　施工阶段交付物

阶段	交付内容
施工深化阶段	1. 施工深化阶段交付物根据项目特点不同分为现浇混凝土结构、钢结构、机电、预制装配式结构施工深化设计 2. 现浇混凝土结构施工深化阶段交付物宜包含现浇混凝土结构施工深化模型、模型碰撞检查文件、施工模拟文件、深化设计图、工程量清单、复杂部位节点深化设计模型及详图等 3. 钢结构施工深化阶段交付物宜包含钢结构施工深化设计模型、模型的碰撞检查文件、施工模拟文件、深化设计图、工程量清单、复杂部位节点深化设计模型及详图等 4. 机电深化设计阶段交付物宜包含机电深化设计模型及图样、设备机房深化设计模型及图样、二次预留洞口图、设备运输模拟报告、施工深化支吊架加工图、机电管线水力复核报告、机电管线深化设计图、机电施工安装模拟资料等 5. 预制装配式混凝土结构施工深化阶段交付物宜包含预制装配式建筑施工深化模型、预制构件拆分图、预制构件平面布置图、预制构件立面布置图、预制构件现场存放布置图、预留预埋件设计图、模型的碰撞检查报告、预制构件深化图、模拟装配文件等 6. 钢结构、机电、混凝土预制加工阶段交付物宜包含预制构件生产模型、构件加工预制图样、工艺工序方案及模拟动画文件、三维安装技术交底动画文件、工程量清单等 7. 施工组织模型、施工工艺模型、施工模拟相关分析文件、可视化资料、分析报告等 8. 国家、省市法律法规规定或合同约定的其他交付物
施工过程阶段	1. 包含进度、投资、质量、安全、验收等管控类模型及与模型相关施工过程的优化结果、模拟成果、分析报告、文档等信息和数据 2. 国家、省市法律法规规定或合同约定的其他交付物
竣工验收阶段	1. 宜包含竣工验收模型及与模型相关联的验收形成的信息、数据、文本、影像、档案等 2. 国家、省市法律法规规定或合同约定的其他交付物

4. 运维阶段需求

1）运维阶段交付物宜在施工阶段竣工交付物的基础上形成，并交付给运维接收方，交付物应满足完整性、准确性和一致性的要求，应与竣工后建筑物几何尺寸与非几何尺寸信息一致，且交付工作应与工程移交同步进行。

2）运维阶段交付物的模型及与其关联的数据、文本、文档、影像等信息应满足日常巡检、维护管理、定期维修、突发事件处理、能源管理、空间管理、资产管理的要求。

3）运维阶段交付物的格式应具有较强兼容性，应方便运维阶段软件或平台的运行、信息与数据的提取及存储，并说明运维阶段交付物宜搭载的软件或平台类型。

4）运维阶段交付物的建筑信息模型应进行衔接整合，并将相关方的运维模型、数据、文档等信息按照约定的交付形式或方案进行收集、整理、转换，并建立相应关联关系。

运维阶段交付物应包含建筑、结构、给水排水、暖通、电气等专业基本模型构件、设备、设施及相应信息，满足运维需求，并满足表 3-6 要求。

表3-6　运维阶段交付物

阶段	交付内容
运维阶段	1. 与模型相关联的主要构件、设施、设备、系统的设备编号、系统编号，组成设备，使用环境、资产属性、管理单位、权属单位等运营管理信息 2. 与模型相关联的使用手册、说明手册、维护资料等文档，并包含维护周期、维护方法、维护单位、保修期、使用寿命等维护保养信息 3. 国家、省市法律法规规定或合同约定的其他交付物

3.2　企业 BIM 实施规划

3.2.1　企业 BIM 实施目标

制定企业级 BIM 实施目标是为了依托 BIM 技术实现企业的长期战略规划，整体提升企业的综合竞争力，使企业整体的资源整合、流程再造和价值提升。BIM 从项目型应用向企业级实施的过渡是企业持续发展、保持领先的必然过程。只有实现企业级 BIM 实施，才能充分调动企业的一切资源，建立新的业务模式，消除新旧技术冲突，发挥出建筑信息化的强大力量，推动设计行业的变革和发展。企业级 BIM 实施目标如下。

1. 规范化操作

通过建立设计单位的 BIM 实施标准，规范企业的 BIM 实施内容和过程，使得企业在 BIM 的实施过程中有据可依，以减少目前各自摸索，以及各种非标准化 BIM 实施所造成的大量财力、物力、人力和时间等社会资源的浪费及损耗，降低实施信息化的成本和风险。

2. 协作化运行

通过基于 BIM 的设计流程再造，建立协作化运行模式，使得设计过程运转顺畅，从而提高设计工作效率和水平，保证设计和产品质量。

3. 知识化决策

通过对项目执行过程中所产生与 BIM 相关数据的标准化转换和集中管理，逐步形成企业的信息资产，从而实现企业自身的知识资源共享和数据重用，形成以信息化为核心的新的资产管理运营体系，从而建立并形成企业新的核心竞争力。

4. 规模化生产

通过 BIM 的规范化操作、协作化运行和信息资产有效利用，最终实现在 BIM 模式下企业的规模化生产，从而打破设计企业生产力提高的瓶颈和约束，并从根本上提高设计单位的劳动生产率。

为了实现上述目标，企业首先应依据其发展战略编制企业自身的 BIM 发展规划（简称 BIM 规划），明确企业 BIM 发展方向和实施路线，降低和避免 BIM 实施过程中的各种风险，以保证企业后续稳健、快速地发展。基于企业的 BIM 规划，重新梳理和建立本单位的企业级 BIM 实施方案和流程，其中包括基于 BIM 建立的新的资源配置体系、新的业务流程、新的专业组织关系、新的管理模式等。

3.2.2　企业 BIM 实施组织

BIM 工作的开展应根据企业特点，确定 BIM 构架层级和职能范围。大型施工企业宜按

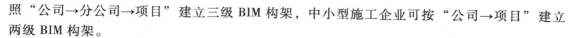

照"公司→分公司→项目"建立三级 BIM 构架，中小型施工企业可按"公司→项目"建立两级 BIM 构架。

1. 公司级 BIM 工作职能

1）公司级 BIM 工作应覆盖企业全局，明确 BIM 发展规划、应用标准、考核制度，并指导分公司级和项目级 BIM 工作开展。

2）应巩固加深现有技术应用水平，拓展 BIM 应用领域，进行技术创新，主导 BIM 由技术应用向经营管理融合，优化管理层级和管理流程。

3）应立足长远发展，编制整体人才培养、培训计划，注重多专业、多层次的人才梯队建设，储备各专业类别和技术层次的 BIM 工程师。

2. 分公司级 BIM 工作职能

1）依据公司级 BIM 整体发展规划，编制项目施工 BIM 应用计划，指导项目完成 BIM 应用过程管理。

2）依据整体人才培养、培训计划，针对项目级 BIM 应用，广泛培养一线实际操作人才，为项目应用输出满足各岗位要求的 BIM 工程师。

3. 项目级 BIM 工作职能

落实 BIM 应用计划，进行模型搭建、施工模拟、进度管理、成本管控、质量管理、安全管理等 BIM 应用，积累、总结应用经验，为公司、分公司级 BIM 发展及管理优化提供实践反馈。

3.2.3　企业 BIM 实施的程序与内容

企业 BIM 实施主要包括以下四个阶段：

1. 前期筹备阶段

1）前期开展 BIM 咨询和 BIM 研讨邀请相关软件服务商、BIM 咨询机构以及科研院校为企业的 BIM 实施提供咨询建议。

2）成立 BIM 领导小组和工作小组确定人员组成、相关人员的职责和任务。领导小组由企业总裁直接领导，总体负责企业资源调配，把握企业 BIM 发展基本方向及奖惩机制，工作小组由各相关部门、多个专业的负责人，以及企业外聘的顾问和专家组成。

3）组织调研了解企业内部的信息化现状和 BIM 应用现状，调研国内外 BIM 技术发展现状和未来趋势，并分析不同的实际应用模式。

2. BIM 规划制订阶段

1）BIM 规划制订。由工作小组和顾问单位共同起草 BIM 规划草案，提交给领导小组审阅，并由企业决策层集体讨论通过。

2）制定企业级 BIM 标准和规范的具体要求。在规划中明确提出制定企业级 BIM 标准和规范的具体要求。

3. 全面启动阶段

1）完善技术环境。搭建企业内部 BIM 软件、硬件及网络环境等。

2）制定 BIM 技术的标准和规范。着手制定企业的 BIM 技术指南，包括建模标准、构件库标准、管理流程等企业级的规范和标准。

3）BIM 专业培训。各专业骨干人员的 BIM 应用集中培训，包括学习 BIM 软件使用、建模技巧，以及与 BIM 相关的其他知识。

4）开展初期 BIM 试点项目。在企业内各单位中选择 BIM 应用的示范项目，进行前期局部试点和应用，其中在项目的选择上要考虑各试点项目的互补性，同时在企业内部应提供一定的政策倾斜和扶持，由企业给予适当的补贴和资助，并设立针对 BIM 实践的奖励基金，同时建立示范项目的考核机制。

4. 整体推广阶段

1）在企业内全面普及。组织企业全体的 BIM 动员大会，明确提出基于 BIM 的企业方针和目标，统一全体人员的思想认识。

2）全员、全专业、全流程的项目实践。研究和组织新的业务流程，逐步建立基于 BIM 的企业经营模式、质量管理体系、考核分配机制，并全面实施推广。

3）全面执行企业级 BIM 的标准和规范，并在执行过程中逐步完善。

需要特别强调的是，在其企业级 BIM 实施过程中，应先行确定企业 BIM 的规划和标准，并在全面启动阶段开始前完成，在整体推广阶段全面执行企业级 BIM 的标准和规范。

■ 3.3 项目 BIM 实施规划

3.3.1 项目 BIM 实施目标

项目 BIM 实施目标应考虑项目特点、团队能力、技术风险等因素，确保项目 BIM 应用的有效实施。项目 BIM 应用目标设定应包含以下几点：

1）质量管理。进行质量策划及实施，对质量问题动态管理。

2）进度管理。进行进度优化及模拟和进度调整与检查。

3）成本管理。进行成本控制、分析、考核，合同、采购红线管理。

4）安全管理。设计安全技术措施，检查安全问题并进行动态管理。

5）绿色施工管理。布置施工场地，进行绿色施工管理。

6）建筑部品 BIM 应用。进行部品选型与整体配置和部品设计与制作。

7）竣工交付。录入工程档案资料，交付竣工模型。

3.3.2 项目 BIM 实施组织

项目 BIM 团队应包含：项目 BIM 管理人员、专业 BIM 工程师和商务 BIM 工程师。

项目 BIM 管理人员应在项目各阶段对 BIM 的实施进行规划、监督、指导，主要职责如下：

1）制定 BIM 实施应用方案。

2）统一 BIM 实施标准。

3）制订 BIM 工作计划。

4）监督、检查项目 BIM 的执行情况与进展。

5）负责项目的资源调配。

6）管理与协调各专业 BIM 工作。

7）统筹管理、审核各阶段 BIM 成果。

专业 BIM 工程师包括土建、机电、市政、钢结构等 BIM 工程师，主要职责如下：

1）搭建各专业 BIM 模型，并进行优化。

2）根据 BIM 模型提取工程量清单。

3）利用 BIM 技术优化施工方案等。

4）模型维护与更新。

5）采集、整理工程信息与 BIM 模型进行关联。

6）提交各阶段 BIM 应用成果。

商务 BIM 工程师负责项目全过程中商务管理，主要职责如下：

1）制订目标成本和商务 BIM 工作计划并牵头实施。

2）商务 BIM 模型建立、维护及更新。

3）对比专业 BIM 工程师提取的工程量清单进行多算对比。

4）负责成本控制、分析、考核，合同、采购红线管理等。

5）对管理平台的数据进行维护。

3.3.3　项目 BIM 实施的程序与内容

项目 BIM 实施以 BIM 模型为主要载体，在工程各阶段开展应用，集成各阶段项目信息，最终实现数字化竣工交付。主要项目 BIM 实施的程序与内容见表3-7。

表 3-7　主要项目 BIM 实施的程序与内容

阶段	实施程序及核心工作		工作成果
施工 BIM 策划	施工 BIM 策划	明确 BIM 应用目标	编制《项目施工 BIM 实施细则》
		拟定 BIM 应用点	
		确定 BIM 实施标准	
		确定 BIM 实施流程	
		成果交付	
		软、硬件配置	
模型建立	模型建立、整合审查	模型建立	建立各专业模型、项目碰撞检查报告、模型审查意见表
		模型整合	
		模型审查	
施工技术 BIM 应用	施工技术 BIM 应用	自动放样	依据规划目标确立应用点
		点云扫描	
		施工工艺模拟	
		施工方案比选	
		碰撞优化	
		数字化加工	
		RFID 技术	
		其他技术	

（续）

阶段	实施程序及核心工作		工作成果
施工技术 BIM 应用	施工管理 BIM 应用	质量管理	辅助施工管理、提高效率、保证质量、加快进度、降低成本、减少纠纷
		进度管理	
		商务管理	
		安全管理	
		绿色施工 BIM 应用	
		建筑部品 BIM 应用	
竣工验收	竣工交付	整合竣工模型	竣工验收、交付合格的竣工模型、交付施工相关资料

3.4 BIM 的 IPD 交付模式

3.4.1 IPD 模式简介

美国建筑师协会（AIA）在 2007 年发布的 IPD 指导手册中，将集成项目交付（Integrated Project Delivery，IPD）定义为：一种将人、各系统、商业架构和实践活动集成为一种流程的项目交付模式。在这种方式下，各项目参与方能够在项目全生命周期（包括设计、制造、施工等阶段）内，充分利用自身的技能与知识，通过合作使得项目期间的工作效率提升，为建设单位创造价值，减少浪费，获得最优的项目结果。

IPD 的特征主要包括以下几点：

1）项目各参与方用合同来协调和保障所有各方的商业利益。项目团队建设起始于项目初始阶段，结束于项目交付，贯穿项目全生命周期。

2）整个工作流程具有非常高的协同性。

3）要求项目利益相关者共享资源和信息。

4）充分发挥项目参与人员的专业知识和相关技能。

5）项目的成功基于团队的成功，即共享风险和奖励、基于价值决策以及充分利用能力和技术支持。

IPD 模式强调的是互信合作的工程建设氛围，实现信息即时的交流，参与者勤于沟通，共同解决项目中出现的问题。营造良好的合作氛围，必须在组织结构、合同协议、实施过程、技术支撑四个方面优化 IPD 项目的管理过程。这四方面也是 IPD 模式区别于传统模式的最大特色。

1. 组织结构

IPD 模式的组织成员主要包括建设单位、设计单位、承包方、分包方、材料/设备供应方、咨询方。不同于传统的组织关系，IPD 模式的各参与方之间组织边界并不清晰且可以相互渗透。组织之间信息可以深度交流、资源实现共享，得益于由 IPD 合同协议所确定的该模式的管理机制。

2. 合同关系

IPD项目采用多方综合合同（图3-1）。多方综合合同是IPD项目的基础，主要体现合同关系特征。它要求核心团队成员在概念设计阶段便组成项目管理小组，经充分沟通签订综合项目协议。这种合同模式有助于提高各方的积极性以及项目利润，减少浪费，实现可持续的发展，同时也为项目增值奠定了基础。

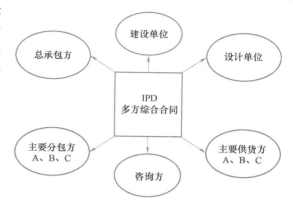

图3-1 IPD项目采用多方综合合同

目前，美国建筑师协会为IPD模式提供了三个阶段合同模式：

（1）过渡型 建设单位分别与各参与单位签订IPD合同。

（2）多方协议 各参与单位通过协议共同讨论和设计出一个IPD应用模式。

（3）单目标实体（Single Purpose Entity，SPE） 建立一个有限责任公司，利益与风险捆绑，形成一个整体。

3. 实施过程

IPD项目的实施过程共分为概念阶段、标准设计、详细设计、实施文件设计、机构审查（采购）、施工阶段和项目交付7个阶段。图3-2给出了IPD项目的实施过程及各参与方介入时间。IPD项目的各参与方提早介入，具有更真实的伙伴关系，可持续不断地优化设计。各参与方主要精力投入在工程设计阶段，建立工程全生命周期设计目标，集思广益、共同决策，以期减少设计问题。这样设计成果非常成熟，因此在机构审查和施工阶段的时间较短。

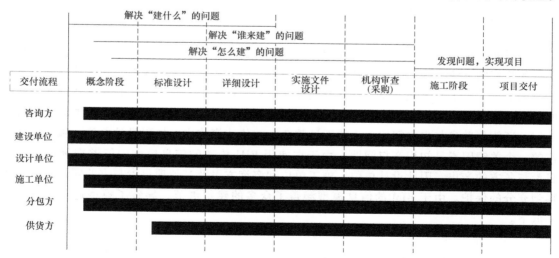

图3-2 IPD项目的实施过程及各参与方介入时间

4. 技术支撑

IPD模式追求各方互信合作，实现无障碍沟通，BIM技术为实现全生命周期内各方工作的集成提供了优秀的平台。BIM是一种面向对象的多属性模型，不同专业可以建立各自的工程技术系统的 BIM 模型，通过统一的数据标准集成得到单一的 BIM 模型。该模型除了包括建筑物的三维信息外，还综合了诸如进度、成本、质量、安全等各种施工信息。BIM 模型的主要作用是减少和消灭项目设计、施工、运营过程中的不确定性和不可预见性，通过使用建筑物的虚拟信息模型模拟、分析、解决可能碰到的问题，从而防止意外发生。

3.4.2 IPD 模式下 BIM 的应用价值

IPD 模式通过参与方高度信任下的协同合作形成风险共担、利益共享的项目团队，以最大限度提高项目绩效。同时 IPD 模式通过合同约束，可以保证项目各参与方之间的关系稳定，并且使项目全生命周期内产生的信息可以保持畅通。BIM 侧重于技术方面，如参数化设计、三维可视化，为实际建筑场景提供一个模拟实施的平台，这些功能都能够为 IPD 模式的实施提供技术支撑。BIM 将项目全生命周期内所有产生的信息和数据存储至一个模型中，实现了所有项目参与方全生命周期信息的共享。BIM 强调数据的分享，这一点和 IPD 模式的理念相吻合，IPD 模式从项目策划开始就需要 BIM 的帮助，BIM 要充分应用也需要 IPD 提供良好的平台。IPD 模式下 BIM 技术应用理念体现在以下几个方面：

1. BIM 为 IPD 模式提供数据的储存和交换服务

在 IPD 模式中，各个参与方需要在项目的前期就开始协同工作，进行及时的信息沟通，这需要相关的技术支持。然而，因为行业发展的种种原因，各个项目参与方一般都使用自己熟悉的数据存储格式，各方之间互不相通，导致设计成果的沟通交流十分麻烦。BIM 技术的诞生为用户提供了数据储存和交换的标准，这个标准包含了建设项目的诸多领域，以此为基础，BIM 就能够为 IPD 模式提供数据的储存和交换服务。根据 2008 年美国建筑师学会公布的研究结果，BIM 确实为 IPD 模式提供了在数据储存和交换服务方面的大力支持，但这种支持存在着一些不足。例如，BIM 只能将核心技术专业的设计成果统一到整体的项目模型中去，无法覆盖建设工程的所有技术专业。

2. BIM 帮助 IPD 进行法律事务处理

妨碍复杂建设工程合同顺利实施的一个重要原因是无法准确地定义合同标的物。如果合同标的物模糊不清，则会引起不必要的法律纠纷，因此完善的合同体系必须能够准确地定义合同标的物。有了 BIM 的帮助，IPD 合同能在面对现代繁杂的建设工程时准确地定义合同标的物。通过 BIM 准确建立的建筑信息模型不仅能帮助 IPD 项目各方实现利益共享以及风险共担，还能帮助参与方之间实现法律诉讼豁免。在传统模式中，妨碍设计单位和施工单位合作的一个关键因素是知识产权问题。由于在使用 BIM 构建的信息模型中能够准确地识别项目参与各方的产出，因此设计单位、施工单位和咨询方以及其他项目参与方的知识产权都能得到充分的保护。由于 BIM 的信息模型涵盖了众多的建筑细节，导致了模型运转缓慢，效率低下。

3. BIM 帮助 IPD 完成设计施工任务

由于 BIM 以 3D 形式向项目各参与方展示建筑成果，所以能让各方更直观地对建筑进行设计优化，有利于提升工作效率。更先进的 4D-BIM 模型在 3D 基础上增加了时间维度，有了 4D-BIM 模型的支持，项目的施工团队就可以提高建设项目的可施工性，因为其能够在关键时间点为设计单位提供专业的意见，使设计更为合理，符合施工要求。利用 BIM 可以进行虚拟施工和施工冲突检查，使检查内容涵盖范围更大、程度更深，也更趋近于施工实际情

况，因此冲突检查结果更有参考意义，有利于提升工作效率和项目效益。

4. BIM有助于IPD组织文化的形成

BIM能够提供先进的技术服务，减少一些不必要的法律纠纷，使得各方互相信任，提升整个团队的合作层次和工作效率。此外，BIM按实际情况对项目目标进行界定，更合理地分配工作任务，使得项目各方易于接受各自的任务安排。BIM的这些优势有助于IPD团队组织文化的形成和巩固。

IPD模式与BIM技术相辅相成、不可分割。BIM技术将各种不同数据与信息集成，各方通过庞大的数据库来获取有效信息，让所有参与方及时、准确、全面地把握项目整体动态，这些给IPD模式的执行提供了技术支持，同时BIM技术在IPD模式下也发挥出它应有的价值。BIM和IPD的结合是未来的发展趋势。BIM和IPD的结合能够在相互弥补、相互促进过程中，实现项目的更好发展。

3.4.3 BIM与IPD协同实施

BIM为IPD模式提供了全生命周期合作的平台，是支持IPD模式的有效工具。同时，IPD也为更好地利用BIM各功能提供环境。BIM与IPD协同模式将在早期集成各方面的资源，使各参与方的目标与利益趋于一致，信息与知识的共享更畅通，促进全生命周期的协同合作。BIM与IPD模式协同管理可从根本上解决目前传统交付方式存在的众多问题，给建筑业带来前所未有的价值与改革。BIM与IPD模式协同实施流程图如图3-3所示。

1. 第1阶段：概念阶段—标准设计—详细设计阶段

IPD项目注重初期建设，要求主要参与方在概念阶段就介入项目并共同签订单一目标实体合同，并组成多方协议的SPE公司。BIM技术为各参与方的早期介入与沟通提供信息交流平台。在各方共同确定的工程目标、工程规模、工程意图等基础上构建基于BIM的3D模型。根据3D模型强化设计，估算投资，提前解决施工中可能出现的争议，保证前期决策的正确性。从根本上降低投资、提高质量、缩短工期。

2. 第2阶段：实施文件设计—机构审查（采购）—施工阶段

建设单位与各参与方基于BIM平台共同制订项目实施文件。基于BIM的3D模型，构建4D、5D……nD（3D+工期+成本+安全+……）模型，对IPD项目的进度、造价、质量、安全等进行全面的控制。运用BIM技术加快审核速度和精度，明确各项工作所需的资源以及供应计划，实现精益化施工。

3. 第3阶段：项目交付阶段

BIM模型可方便竣工验收、项目后评价、项目后续的经营以及维护工作。

在BIM与IPD协同实施的过程中，各参与方的协同性得到提高。IPD项目中SPE团队的各参与方通过BIM所搭建的信息共享平台真正打破了传统项目管理模式下的"信息孤岛"状态，在信息共享平台上，各参与方能全面了解全生命周期内任何一个时间节点上任何一方的具体信息，通过及时有效的沟通提高各参与方间的工作协调性，SPE团队中的任何一方工作的调整可以及时反映在数据平台上，其他参与方可根据反馈信息，在第一时间进行决策。在BIM数据平台支撑下的IPD动态项目管理真正实现了SPE团队利益的最大化。

在BIM与IPD协同实施的过程中，项目各阶段的协同性得到提高。在设计阶段，建设单位、设计单位、施工单位等各参与方共同介入，提供不同角度的设计建议，通过BIM的可

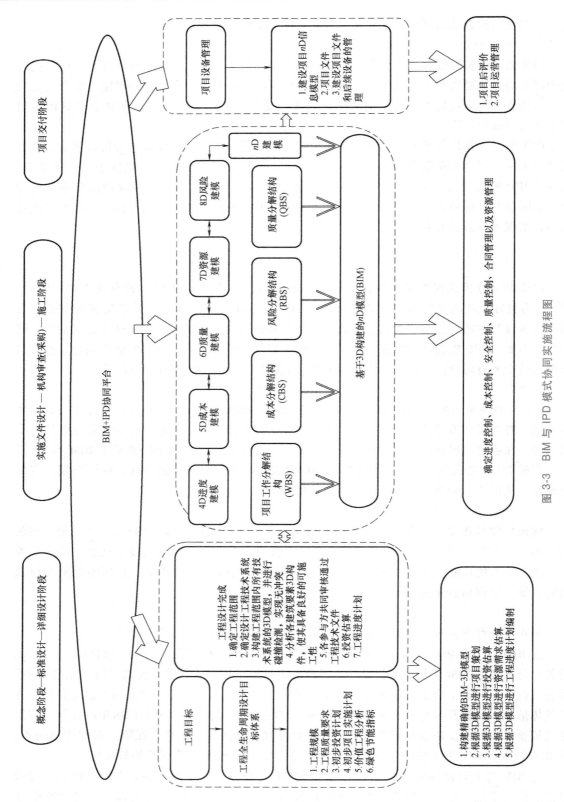

图 3-3 BIM 与 IPD 模式协同实施流程图

视化和虚拟化模拟可以进行设计可行性分析，减少施工阶段的设计变更；设计和施工阶段的数据资料通过 BIM 集成储存，为后期项目交付运营提供了极大的便利。SPE 团队利用 BIM 技术进行项目管理，将设计、施工、交付运营连成一个整体，实现了项目建设各阶段的整体性和协同性。

思　考　题

1. 建设单位、设计单位、施工单位的主要 BIM 需求有哪些？
2. 企业 BIM 实施的主要阶段有哪些？
3. 项目 BIM 实施的主要阶段有哪些？
4. IPD 模式的实施过程分为哪几个阶段？
5. IPD 模式下 BIM 的价值有哪些？
6. BIM 与 IPD 如何进行协同实施？

第4章

BIM快速建模方法

本章要点

1. 土建专业快速建模方法。
2. 钢结构专业快速建模方法。
3. 预制混凝土结构快速建模方法。
4. 机电专业快速建模方法。
5. 全专业 BIM 综合应用。

学习目标

1. 掌握土建专业、钢结构专业、PC 装配式、机电专业的快速建模基本方法。
2. 熟悉净高分析、净高平面、碰撞检测等 BIM 综合应用方法。

■ 4.1　土建专业快速建模方法

本节选择红瓦科技公司（简称红瓦）的 BIM 插件，以"××建筑设计研究院"图样为例演示建模过程。

按照建筑分部分项划分方法，将该单位工程土建部分划分为：地基与基础、主体结构、屋面部分，BIM 建模参照分部分项划分方法分为：地下基础部分、结构部分（结构柱、结构梁、墙体、楼地板）、建筑部分（墙、板、门窗、楼梯、屋面）。

4.1.1　地下基础建模

建模人员在充分了解项目的基础情况之后才可进行建模分解工作。例如，根据工程地质勘探报告，若项目有地下室部分，则采用

基础建模视频讲解

肋梁式筏板基础，若无地下室部分，则采用柱下独立基础。地下基础建模可分解为承台部分、基础梁（地梁）部分、垫层部分、筏板部分，可以使用 Revit 的"结构/基础/独立"功能来进行承台建模，使用"结构/梁"功能来进行地梁建模，使用"楼板"功能来进行梁加腋、垫层、筏板建模；也可以借助"建模大师"软件来快速建模；下面以"建模大师"功能与 Revit 自身功能相结合的方式介绍建模工作。

1. CAD 底图载入和定位

选择"建模大师（建筑）"→"链接CAD"命令，在标高−6.45m的平面视图中，在弹出的对话框中手动切换至保存底图文件的位置并选择对应的CAD底图，如图4-1所示。

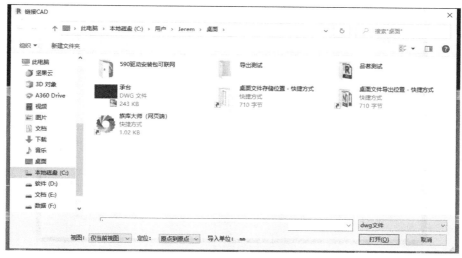

图 4-1　CAD 底图载入

2. 承台转化

用建模大师的"承台转化"功能进行承台转化。首先选择"建模大师（建筑）"→"CAD转化"→"承台转化"命令（图4-2a），然后在弹出的"承台识别"界面根据提示提取承台边线、标注，最后选择承台类型，单击"开始识别"按钮，如图4-2b所示。

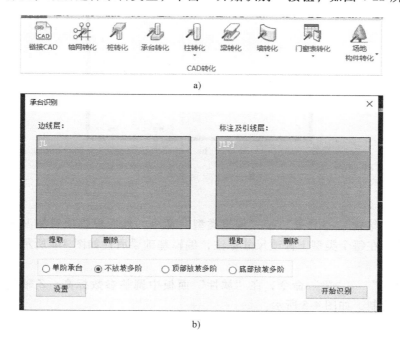

a)

b)

图 4-2　承台转化

3. 定义承台尺寸

在弹出的"承台转化预览"对话框中单击"配置"命令来设置每个承台的详细尺寸，如图 4-3 所示。

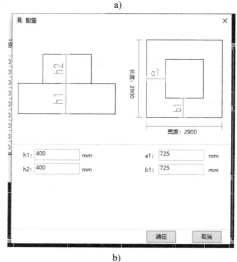

a)

b)

图 4-3　设置承台尺寸

4. 设置基础梁

首先选择"结构"→"梁"→"编辑类型"命令，然后根据项目情况复制创建多个基础梁截面尺寸，在每个类型下修改尺寸标注，编辑基础梁属性如图 4-4 所示。

5. 绘制基础梁

选择"结构"→"梁"命令，在"属性"面板中调整参数标高、Z 轴偏移值，然后在相应位置进行绘制，如图 4-5 所示。

6. 设置地梁加腋

首先选择"建筑"→"结构板"→"编辑类型"命令，然后根据项目情况复制创建 1500mm 厚的板类型作为地梁加腋构件，如图 4-6 所示。

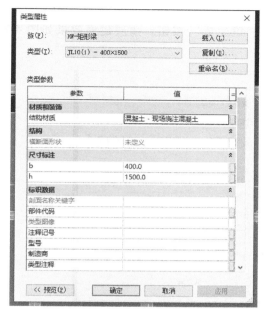

图 4-4 编辑基础梁属性

图 4-5 绘制基础梁

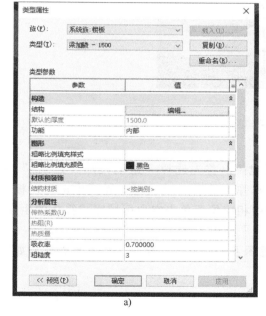

a)

b)

图 4-6 设置地梁加腋

7. 绘制地梁加腋

首先选择"建筑"→"结构板"命令，然后在"属性"面板中调整参数标高和标高偏移值，最后在相应位置绘制轮廓，完成梁加腋。

8. 垫层建模

用建模大师的"基础垫层"功能进行垫层建模。首先选择"建模大师（建筑）"→

"基础"→"基础垫层"命令（图4-7a），然后在弹出的"基础垫层"界面中设置垫层的参数（图4-7b），最后在选择目标构件后，单击"一键生成"按钮。垫层建模效果如图4-7c所示。

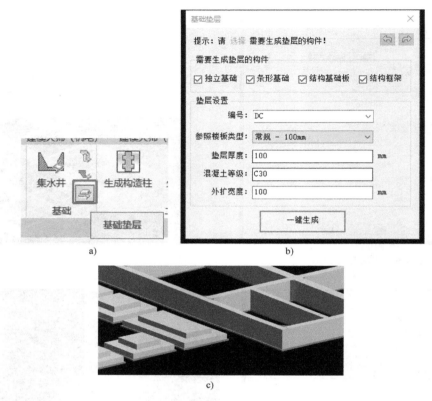

a)   b)

c)

图4-7　垫层建模

9. 筏板建模

用建模大师的"一键成板"功能进行筏板建模。首先选择"建模大师（建筑）"→"快捷"→"一键成板"命令（图4-8a），然后在弹出的"一键成板"界面中选择楼板类型、核心厚度等参数（图4-8b），最后在平面视图相应位置单击空白区域完成筏板的生成，筏板建模效果如图4-8c所示。

绘制完成地下基础的承台和梁后，在三维视图下观察模型并检查。地下基础模型如图4-9所示。

4.1.2　结构柱建模

根据施工图中的柱表来分层建模，从下到上按照结构标高依次分为：−4.95～8.35m，8.35～12.55m，12.55～16.75m，16.75～21.15m，21.15～26.20m等，其余标高根据具体建筑和结构施工图再行建模和调整。

结构柱建模视频讲解

1. CAD底图载入和柱定位

选择"建模大师（建筑）"→"链接CAD"命令，在标高为−4.95m的平面视图中，在弹出的对话框中手动切换至保存底图文件的位置，并选择"柱"CAD底图，如图4-10所示。

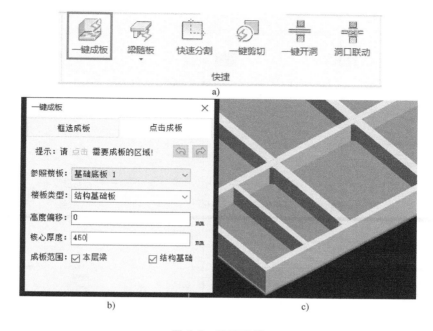

图4-8 筏板建模

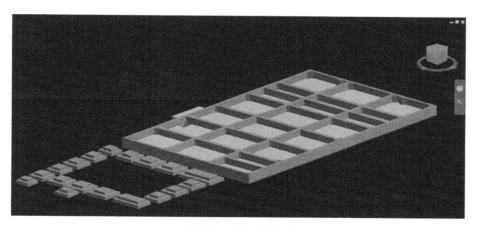

图4-9 地下基础模型

2. 柱转化

用建模大师的"柱转化"功能进行柱转化。首先选择"建模大师（建筑）"→"CAD转化"→"柱转化"命令（图4-11a），然后在弹出的"柱识别"界面根据提示提取柱边线、标注，最后单击"开始识别"按钮，如图4-11b所示。

3. 检查并修改柱参数

在弹出的"柱转化预览"对话框中设置混凝土等级等信息，单击"生成构件"按钮后切换到三维视图查看，如图4-12所示。

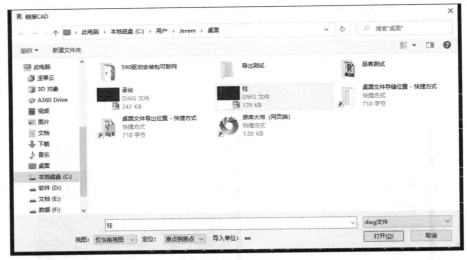

图 4-10　CAD 底图载入

图 4-11　柱识别

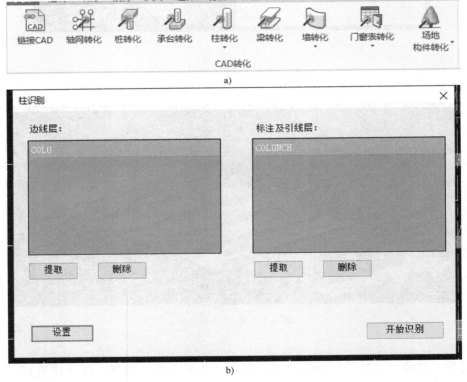

　　4. 修改柱属性

　　根据柱表修改柱顶部、底部标高以及偏移值。切换到地下一层（-1F）平面视图，根据施工图中的柱表检查平面视图内每个柱子的编号（柱号）、截面尺寸、标高、偏移值，操作步骤为选择目标柱→"属性"，检查"约束""材质"等，如图 4-13 所示。

图 4-12 柱转化

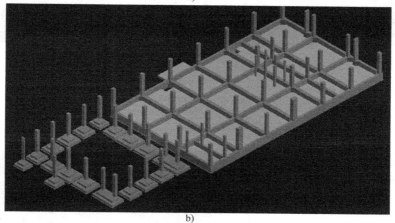

图 4-13 修改柱属性

5. 复制首层柱

用建模大师"高级过滤"功能筛选需要复制的首层柱。切换到三维或立面视图（下面以三维视图示例），如图 4-14a 所示。从左向右框选需要复制的目标柱→选择建模大师（通用）"高级过滤"命令，如图 4-14b 所示。在弹出的"高级过滤器"对话框中点开结构柱下拉列表，根据名称勾选柱后单击"确定"按钮，如图 4-14c 所示。效果如图 4-14d 所示。

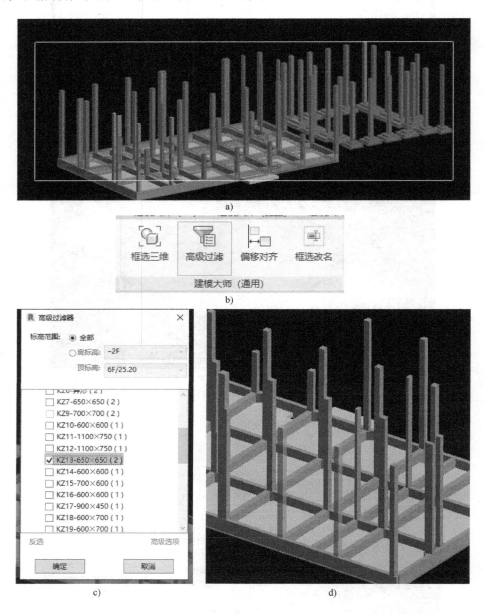

图 4-14　复制首层柱

6. 复制其他层柱

复制、粘贴到其他楼层并进行修改。在上述步骤目标选中的状态下，选择 Revit"修改"→"复制"→"粘贴"命令,如图 4-15a 所示。在下拉菜单中选择"与选定的标高对齐"命令,如图 4-15b 所示,完成构件的复制。选中构件(图 4-15c),根据柱表在属性栏修改相关信息,如图 4-15d 所示。

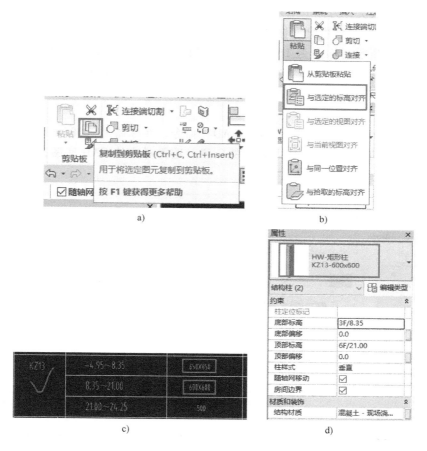

图 4-15 复制其他层柱

7. 完成柱建模

完成柱建模之后切换到三维视图下检查效果,如图 4-16 所示。

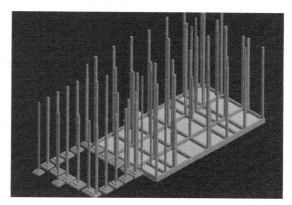

图 4-16 柱三维模型

4.1.3　结构梁建模

根据施工图中的楼面结构布置及梁配筋图分层建模，从下到上，按照结构标高依次分为地下室顶梁（标高为−0.05m）、首层顶梁（标高为4.15m）、二层顶梁（标高为8.35m）、三层顶梁（标高为12.55m）、四层顶梁（标高为16.75m）、五层顶梁（标高为21.15m）、六层（大屋面）顶梁（标高为25.20m）、电梯屋面梁（标高为28.10m），局部区域结构梁标高根据结构详图调整。

结构梁建模视频讲解

1. CAD底图载入和梁定位

选择"建模大师（建筑）"→"链接CAD"命令，在标高为−0.05m的平面视图中，在弹出的对话框中手动切换至保存底图文件的位置，选择对应的CAD底图，并在项目内和轴网对齐，如图4-17所示。

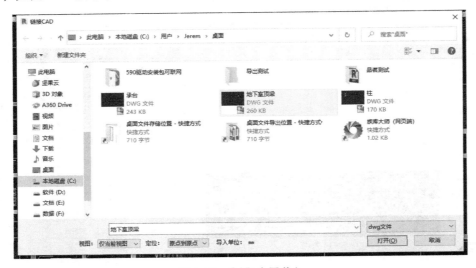

图4-17　CAD底图载入

2. 梁转化

用建模大师的"梁转化"功能进行梁转化。首先选择"建模大师（建筑）"→"CAD转化"→"梁转化"命令（图4-18a），然后在弹出的"梁识别"界面根据提示提取梁边线、标注，最后单击"开始识别"按钮，如图4-18b所示。

3. 检查并修改梁参数

在弹出的"梁转化预览"对话框中设置混凝土等级等信息，单击"生成构件"按钮后切换到三维视图查看，如图4-19所示。

4. 检查梁编号、截面尺寸、构造等

切换到标高为−0.05m平面视图，根据梁施工图中的标注信息检查结果并修改每根梁的编号、截面尺寸、标高、偏移值，具体操作同柱检查，如图4-20所示。

5. 载入并设置带挑耳的梁族

首先选择"文件"→"打开"→"族"→"结构/框架/混凝土/矩形梁"命令（图4-21a）；然后在载入项目后依次选择"结构"→"梁"→"编辑类型"命令，在此界面

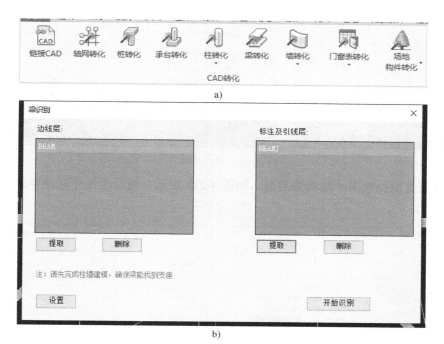

图 4-18　梁转化

	名称	尺寸(mm)	梁顶偏移量(m)	梁顶标高(m)	混凝土等级	数量
☑	KL6	300×700	0.000	-0.050	C30	1
☑	KL1(7)	350×700	0.000	-0.050	C30	2
☑	KL10(6)	300×650	0.000	-0.050	C30	3
☑	KL11(2)	350×850	0.550	0.500	C30	1
☑	KL12(5)	300×1200	0.550	0.500	C30	2
☑	KL12(5)	300×1200	0.500	0.450	C30	1
☑	KL13(5A)	300×550	0.000	-0.050	C30	2
☑	KL14(5)	300×650	0.000	-0.050	C30	1
☑	KL15(1A)	300×650	-0.070	-0.120	C30	1
☑	KL16(1)	250×400	0.550	0.500	C30	

a)

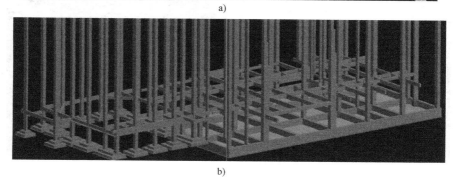

b)

图 4-19　修改梁参数

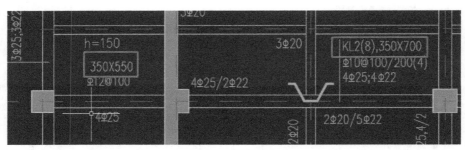

图 4-20　检查梁属性

根据项目情况复制创建多个基础梁类型，如图 4-21b 所示；最后在尺寸标注中调整尺寸，如图 4-21c 所示。

a)

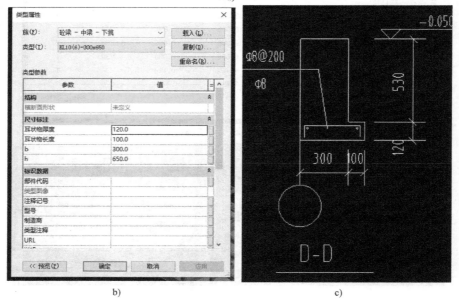

b)　　　　　　　　c)

图 4-21　载入并设置带挑耳的梁族

6. 绘制挑耳梁

首先切换到平面视图相应位置，选择"结构"→"梁"命令，在"属性"面板中调整参数标高、Z 轴偏移值，然后选择起点、终点进行绘制，如图 4-22 所示。

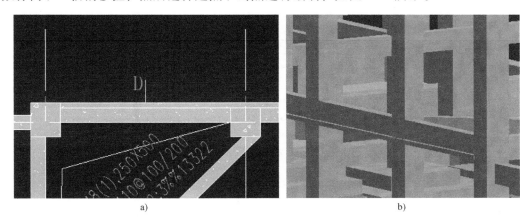

a)   b)

图 4-22   绘制挑耳梁

7. 绘制其他标高层梁

其他标高层梁绘制方法与首层梁相同。

4.1.4   墙体建模

墙体建模视频讲解

根据项目情况，墙体部分可以使用 Revit 的"墙"功能来进行建模，也可以借助"建模大师"软件来快速建模。下面以"建模大师"功能与 Revit 自身功能相结合的方式介绍建模工作。

1. 设置挡土墙族

切换到标高为 -0.05m 平面视图，选择"结构"→"墙"→"编辑类型"命令，在弹出的设置面板中复制并修改属性来创建墙类型，如图 4-23 所示。

2. 绘制地下室挡土墙

选择"结构"→"墙"命令，在"属性"面板中选择相应的墙类型后在相应位置进行绘制，绘制完成后切换到三维视图下进行查看和检查，如图 4-24 所示。

3. 建筑墙建模

用建模大师（建筑）"墙转化"命令来完成建筑墙建模。首先在标高为 -4.95m 的平面视图中进行墙体定位；然后选择"建模大师（建筑）"→"链接 CAD"命令，在弹出的对话框中手动切换至保存底图文件的位置并选择"地下室墙体"CAD 底图，如图 4-25a 所示；最后在项目内和轴网对齐，如图 4-25b 所示。

4. 地下一层室内墙体建模

选择建模大师"墙转化"命令，在弹出的界面内根据提示提取边线层、附属门窗层，并选择设置"参照族类型""墙类型"等信息后单击"开始识别"按钮，如图 4-26 所示。

5. 墙体转化、生成

在弹出的"墙转化预览"界面中修改相关参数（也可后续在项目中修改），单击"生成构件"按钮，如图 4-27a 所示。墙体转化、生成效果如图 4-27b 所示。

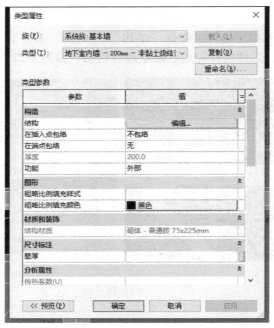

图 4-23　设置挡土墙族

a)　　　　　　　　　　　　　　　　　b)

图 4-24　绘制地下室挡土墙

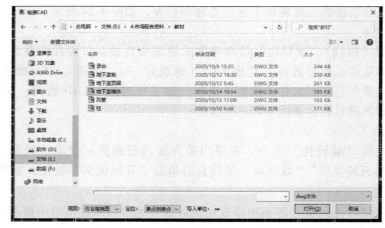

a)

图 4-25　墙转化

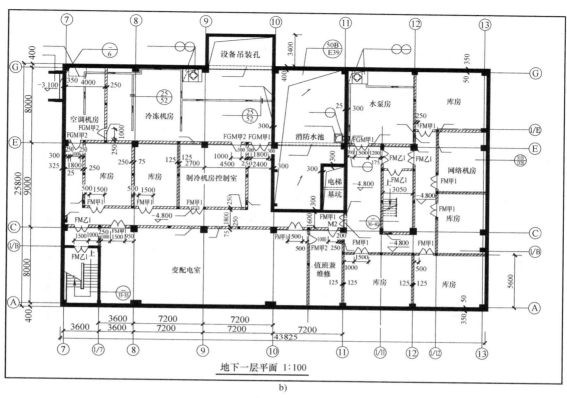

b)

图 4-25　墙转化（续）

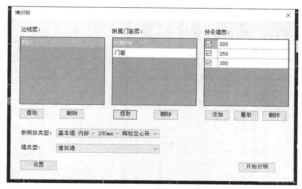

图 4-26　地下一层室内墙体建模

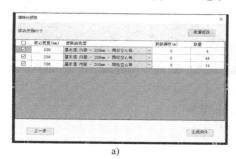

a)

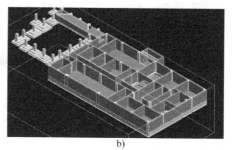

b)

图 4-27　墙体转化、生成

4.1.5 楼地板建模

根据项目情况，楼地板部分可以使用 Revit 的"板"功能来进行建模，也可以借助"建模大师"软件来快速建模。下面以"建模大师"功能与 Revit 自身功能相结合的方式介绍建模工作。

楼板模型视频讲解

1. 生成楼板

用建模大师的"一键成板"功能快速生成楼板。首先将平面视图切换到标高为−0.05m 平面视图，选择"建模大师（建筑）"→"快捷"→"一键成板"命令（图 4-28a），然后在弹出的设置界面选择成板方式（这里选择"点击成板"选项卡），如图 4-28b 所示，最后在平面视图范围内响应空白位置单击完成创建，如图 4-28c 所示。

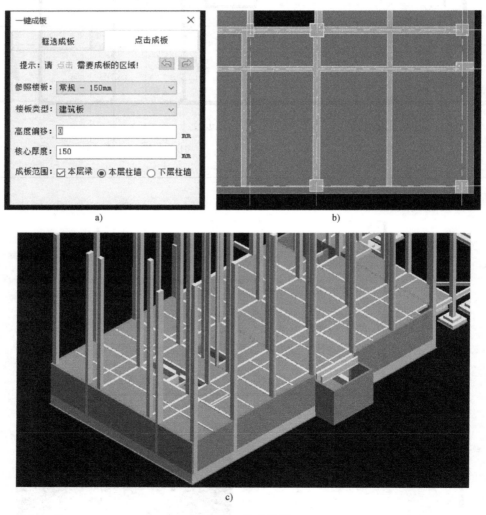

图 4-28　生成楼板

2. 检查每跨内板顶标高值并进行调整

单击具体要调整的板，在"属性"界面的"高度偏移"处输入具体偏移值（图 4-29a）；

调整完成后可以选择"注释"→"标高"命令进行标高检测,如图 4-29b 所示。

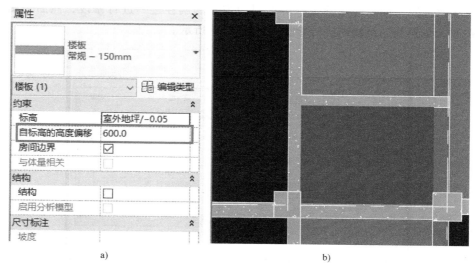

a)   b)

图 4-29　调整板顶标高

4.1.6　门窗建模

门窗建模视频讲解

根据项目情况,门窗部分可以使用 Revit 的"门"和"窗"功能来进行建模,也可以借助"建模大师"软件来快速建模。下面以"建模大师"功能与 Revit 自身功能相结合的方式介绍建模工作。

1. 门窗转化

选择"建模大师"→"CAD 转化"→"门窗转化"命令,在弹出的"门窗识别"界面根据提示提取"门窗边线层""门窗标注及引线层",在选择族生成方式后单击"开始识别"按钮,如图 4-30 所示。

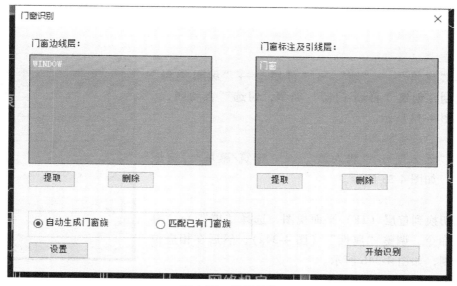

图 4-30　门窗转化

2. 检查调整门窗编号、类型、尺寸等信息

首先在弹出的"门窗转化预览"界面对门窗族的属性逐一进行修改，然后单击"生成构件"按钮，切换到三维视图进行检查，如图 4-31 所示。

a)

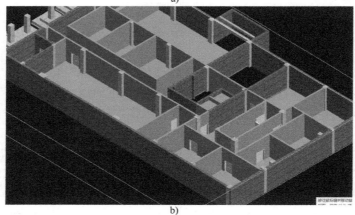

b)

图 4-31　修改属性、生成门窗

3. 设置幕墙门窗族

选择"建筑"→"墙"→"幕墙"→"编辑类型"命令，复制并创建"幕墙 门窗"类型，勾选"自动嵌入"选项，如图 4-32 所示。

4. 载入门窗嵌板族

选择"插入"→"载入族"→"建筑/幕墙/门窗嵌板"命令，如图 4-33 所示。

5. 用"幕墙"族绘制门窗

首先切换到首层（1F）平面视图，选择"墙"→"幕墙门窗"命令，调整"属性"（图 4-34a），然后在相应位置进行绘制，如图 4-34b 所示。

图 4-32　设置幕墙门窗族

图 4-33　载入门窗嵌板族

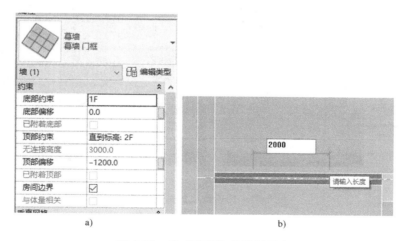

a)　　　　　　　　　　　　　b)

图 4-34　用"幕墙"族绘制门窗

6. 区域划分以及门窗嵌板替换玻璃嵌板

首先切换到立面图或剖面图，选择"建筑"→"构建"→"幕墙网格"命令进行划分，然后按<Tab>键切换，选择玻璃嵌板，最后在"属性"下拉菜单中找到相应门窗嵌板进行替换，如图 4-35 所示。

7. 其他方法

除上述方法外，也可选择"建筑"→"门窗"命令来进行建模，此处不再对族制作以及布置进行演示。

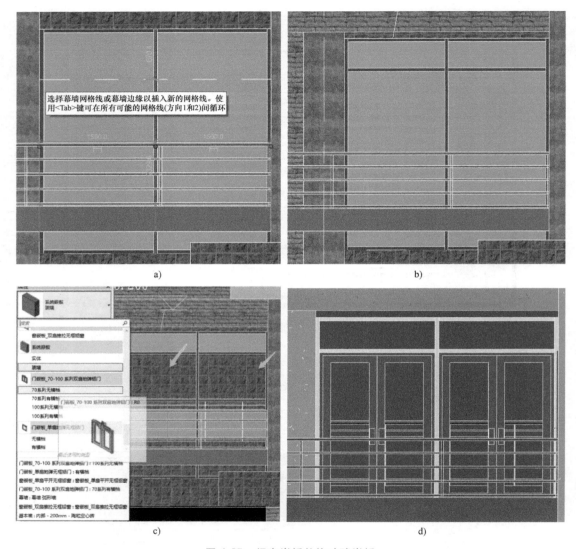

图 4-35　门窗嵌板替换玻璃嵌板

4.1.7　室外台阶、楼梯、坡道和栏杆建模

根据项目情况，建模部分有坡道、楼梯和栏杆部分建模，均使用 Revit "楼梯" "坡道" "栏杆" 功能建模。

室外台阶等视频讲解

1. 设置坡道族

选择 "建筑" → "坡道" → "类型属性" 命令，在 "类型属性" 界面选择复制创建坡道类型，并修改相关参数，如图 4-36 所示。

2. 绘制坡道

切换到首层（1F）平面视图，选择 "建筑" → "坡道" 命令，在 "属性" 中调整参数，然后在平面内相应位置进行绘制，绘制完成后切换到三维视图进行查看，如图 4-37 所示。

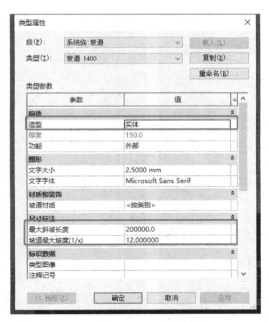

图 4-36　设置坡道族

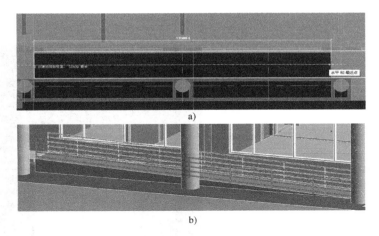

图 4-37　绘制坡道

3. 绘制辅助线

首先切换到二层（2F）平面视图，选择"注释"→"详图线"命令，然后根据楼梯施工图绘制轴线、梯梁边线、楼梯中心线等作为参考线，如图 4-38 所示。

4. 绘制楼梯

首先选择"建筑"→"楼梯"命令，在属性中选择"整体现浇楼梯"项（图 4-39a），并修改属性，绘制方向如图 4-39b 所示，绘制完成后将楼梯移动到原来位置，并切换到三维视图进行查看，如图 4-39c 所示。

5. 完成楼梯创建

将绘制的楼梯复制到其他楼层，完成整部楼梯创建。

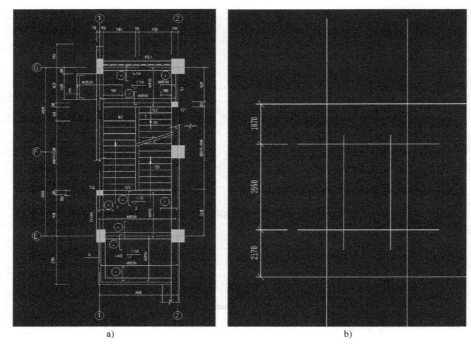

图 4-38　绘制辅助线

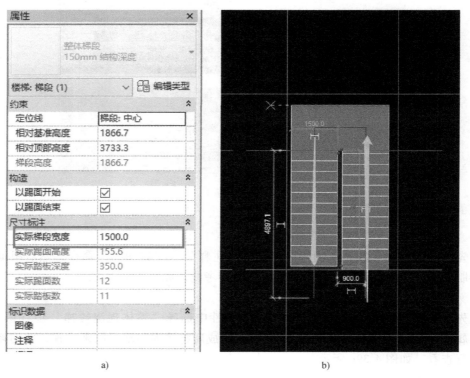

图 4-39　绘制楼梯

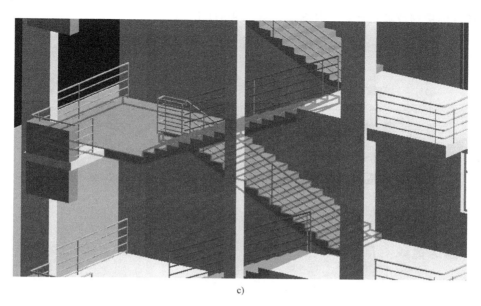

c)

图 4-39 绘制楼梯（续）

6. 设置栏杆扶手族

选择"建筑"→"栏杆扶手"→"类型属性"命令，复制并修改创建项目所需的栏杆扶手族，如图 4-40 所示。

图 4-40 设置栏杆扶手族

7. 栏杆建模

选择"建筑"→"栏杆扶手"→"放置在楼梯/坡道上"命令（图 4-41a），然后在项目中选择目标楼梯或坡道放置栏杆扶手，如图 4-41b 所示。

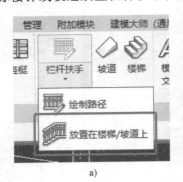

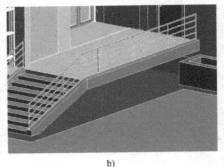

a) 　　　　　　　　　　　　　b)

图 4-41　栏杆建模

4.1.8　幕墙建模

根据项目情况，幕墙分为南立面外幕墙和 2# 楼梯维护幕墙，用 Revit "幕墙" 功能进行建模。

幕墙建模视频讲解

1. 设置幕墙族

首先选择 "建筑" → "墙" → "幕墙" → "编辑类型" 命令，复制并创建 "幕墙 弧形墙" 类型（图 4-42a），然后设置间距、水平竖梃、垂直竖梃类型等参数，如图 4-42b 所示。

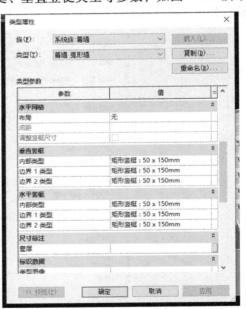

a) 　　　　　　　　　　　　　b)

图 4-42　设置幕墙族

2. 绘制弧形幕墙

CAD 底图定位详见 4.1.1。首先切换到三层（3F）平面视图，选择 "建筑" → "墙" → "幕墙 弧形墙" 命令（图 4-43a），然后通过 "拾取线" 功能生成弧形幕墙，如图 4-43b 所示。

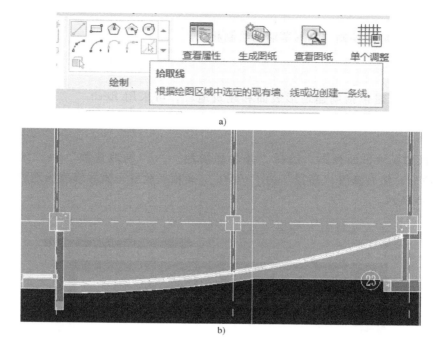

a)

b)

图 4-43　绘制弧形幕墙

3. 幕墙细节修改

　　首先切换到南立面图或者剖面图，将光标放置在幕墙网格上，然后单击鼠标左键，按 \<Tab\>键切换选中幕墙网格，修改出现的临时尺寸来调整幕墙单元的划分尺寸（图 4-44a），最后切换到三维视图查看，如图 4-44b 所示。

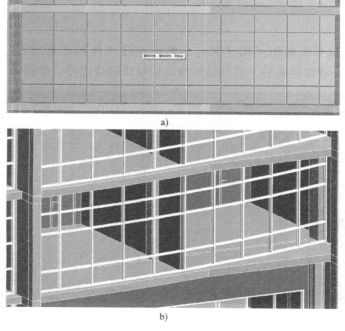

a)

b)

图 4-44　幕墙细节修改

4. 绘制 2# 楼梯维护幕墙

2# 楼梯维护幕墙的绘制与弧形幕墙的绘制相同。

4.1.9 场地建模

项目的场地创建包括创建地形表面和建筑地坪，可采用 Revit 的"体量和场地"功能创建。

1. 创建地形平面

首先切换到场地平面视图，选择"体量和场地"→"场地建模"→"地形表面"→"放置点"命令，然后修改"高程"为"−600"，高程点放置完成后修改场地"材质"为草坪，如图 4-45 所示。

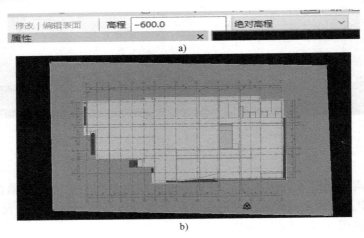

图 4-45　创建地形平面

2. 创建建筑地坪

首先切换到场地平面视图（图 4-46a），然后选择"体量和场地"→"场地建模"→"建筑地坪"命令，修改标高后，通过绘制线或拾取线创建地坪，如图 4-46b 所示。

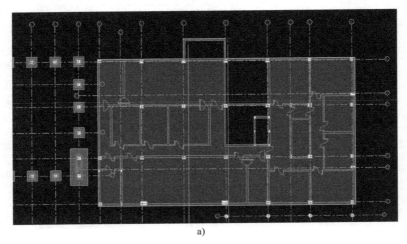

图 4-46　创建建筑地坪

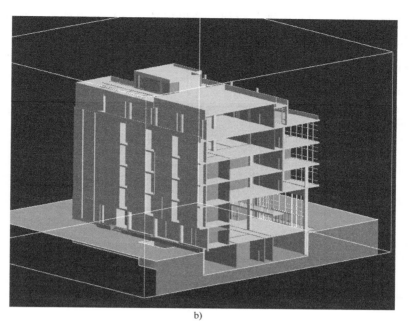

b)

图 4-46 创建建筑地坪（续）

■ 4.2 钢结构专业快速建模方法

红瓦的钢结构快速建模软件中包含 CAD 转化模块和节点功能模块。其中，CAD 转化模块能够根据已经设计好的 CAD 平面图快速转化成 Revit 模型，主要功能包括链接 CAD 图、轴网转化、钢柱转化以及钢梁转化，基本操作流程为：插入 CAD 图（链接）→选择相应 CAD 图层→识别数据→调整识别后的参数→生成 Revit 钢结构构件。

4.2.1 钢柱转化

在链接导入 CAD 图并定位到相应楼层和轴网对齐后，用建模大师的"钢柱转化"功能进行钢结构竖向受力构件的转化。

钢柱转化视频讲解

1）单击"钢柱转化"按钮 。

钢柱转化

2）提取 CAD 图层并进行轴网转化，如图 4-47 所示。

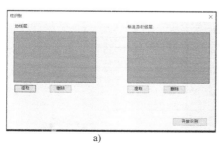

a)

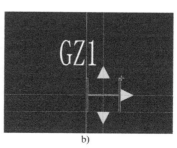

b)

图 4-47 提取 CAD 图层并进行轴网转化

79

3）提取完成，单击"开始识别"按钮，弹出识别后的构件预览表。列出从 CAD 图识别出的构件数量以及构件参数。识别柱如图 4-48 所示。

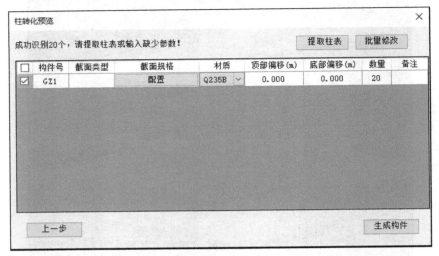

图 4-48　识别柱

4）手动配置构件截面规格或提取 CAD 图中的构件表。

① 单击"配置"按钮，在弹出的"截面库"界面完善转化预览表中的参数。截面库如图 4-49 所示。

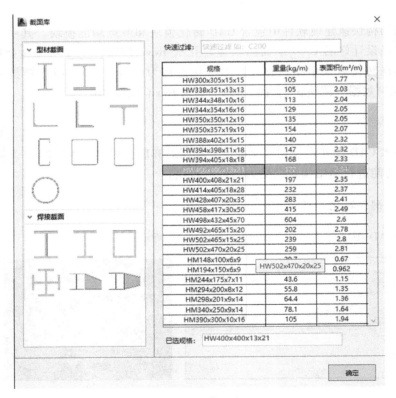

图 4-49　截面库

② 通过提取构件表完善转化预览表中的参数，如图 4-50 所示。

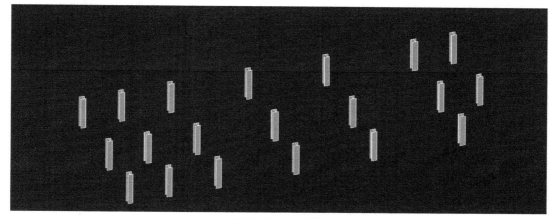

构件号	截面规格	截面类型	材质
GZ1	HW400x400x13x21 配置	型材截面	Q345B
GL1	HN400x200x8x13 配置	型材截面	Q345B
GL2	HN450x200x9x14 配置	型材截面	Q345B
GL3	HN500x200x10x16 配置	型材截面	Q345B
GL4	HN200x100x5.5x8 配置	型材截面	Q345B
GL5	HW100x100x6x8 配置	型材截面	Q345B
GL6	HN300x150x6.5x9 配置	型材截面	Q345B
GL7	HW300x300x10x15 配置	型材截面	Q345B
GL8	HW200x200x8x12 配置	型材截面	Q345B
GL9	HN350x175x7x11 配置	型材截面	Q345B

框选提取　　　　　　　　　　确定　取消

a)　　　　　　　　　　　　　　　　b)

柱转化预览　　　　　　　　　　　　　　　　　　×

成功识别20个，请提取柱表或输入缺少参数！　　　　提取柱表　批量修改

	构件号	截面类型	截面规格	材质	顶部偏移(m)	底部偏移(m)	数量	备注
☑	GZ1	型材截面	HW400×400×13×21	Q345B	0.000	0.000	20	

c)

图 4-50　完善参数

5) 修改完成后，单击"生成构件"按钮，即可生成 Revit 实例构件，如图 4-51 所示。

图 4-51　生成柱

4.2.2　钢梁转化

在链接导入钢梁 CAD 图，并定位到相应楼层和轴网对齐后，用建模大师的"钢梁转化"功能进行钢结构横向支撑构件的转化。

1) 单击"钢梁转化"按钮 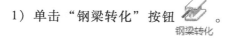。

钢梁转化

钢梁转化视频讲解

2）提取梁线图层和梁标注图层（注意：梁图层较多，要检查是否提取完全），如图 4-52 所示。

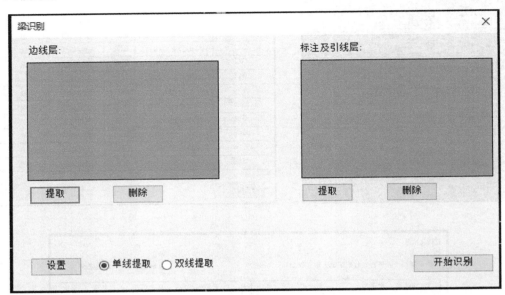

图 4-52　提取梁线图层和梁标注图层

3）识别后，在"梁转化预览"界面显示识别出的梁数量及数据，如图 4-53 所示。

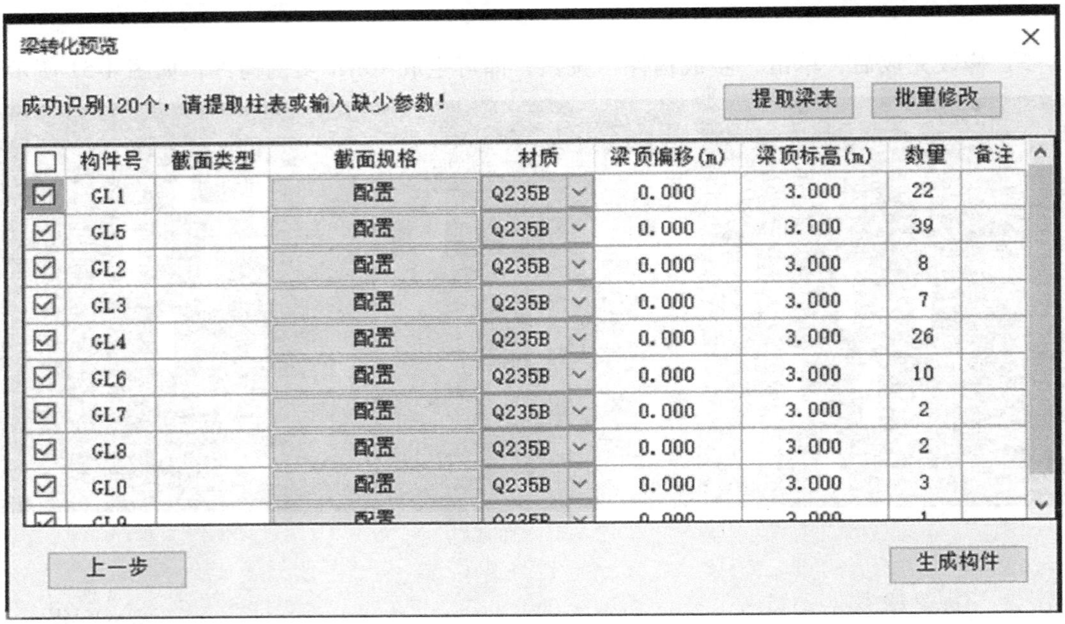

梁转化预览　　　　　　　　　　　　　　　　　　　　　　　　　×

成功识别120个，请提取柱表或输入缺少参数！　　　　　　　　　　提取梁表　　批量修改

	构件号	截面类型	截面规格	材质	梁顶偏移(m)	梁顶标高(m)	数量	备注
☑	GL1		配置	Q235B ∨	0.000	3.000	22	
☑	GL5		配置	Q235B ∨	0.000	3.000	39	
☑	GL2		配置	Q235B ∨	0.000	3.000	8	
☑	GL3		配置	Q235B ∨	0.000	3.000	7	
☑	GL4		配置	Q235B ∨	0.000	3.000	26	
☑	GL6		配置	Q235B ∨	0.000	3.000	10	
☑	GL7		配置	Q235B ∨	0.000	3.000	2	
☑	GL8		配置	Q235B ∨	0.000	3.000	2	
☑	GL0		配置	Q235B ∨	0.000	3.000	3	
☑	GL9		配置	Q235B ∨	0.000	3.000	1	

上一步　　　　　　　　　　　　　　　　　　　　　　　　　　生成构件

图 4-53　梁转化预览

4）手动配置构件截面规格或提取 CAD 图中的构件表（同钢柱转化）。配置梁截面规格如图 4-54 所示。

5）修改完成后，单击"生成构件"按钮，即可生成 Revit 实例构件。生成梁如图 4-55 所示。

梁转化预览 ✕

成功识别120个，请提取柱表或输入缺少参数！   提取梁表   批量修改

	构件号	截面类型	截面规格	材质	梁顶偏移(m)	梁顶标高(m)	数量	备注
☑	GL1	型材截面	HN400×200×8×13	Q345B ⌄	0.000	3.000	22	
☑	GL5	型材截面	HW100×100×6×8	Q345B ⌄	0.000	3.000	39	
☑	GL2	型材截面	HN450×200×9×14	Q345B ⌄	0.000	3.000	8	
☑	GL3	型材截面	HN500×200×10×16	Q345B ⌄	0.000	3.000	7	
☑	GL4	型材截面	HN200×100×5.5×8	Q345B ⌄	0.000	3.000	26	
☑	GL6	型材截面	HN300×150×6.5×9	Q345B ⌄	0.000	3.000	10	
☑	GL7	型材截面	HW300×300×10×15	Q345B ⌄	0.000	3.000	2	
☑	GL8	型材截面	HW200×200×8×12	Q345B ⌄	0.000	3.000	2	
☑	GL7	型材截面	HW300×300×10×15	Q235B ⌄	0.000	3.000	3	
☑	GL9	型材截面	HN350×175×7×11	Q345B	0.000	3.000	1	

上一步   生成构件

图 4-54 配置梁截面规格

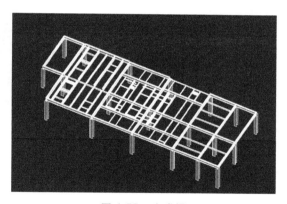

图 4-55 生成梁

4.2.3 钢结构节点快速创建

钢结构节点功能模块是根据国内实际的设计规范以及用户的建模习惯和需求做的专门的功能，它方便用户快速创建各种类型的节点，主要功能包括创建节点、复制节点和修改节点。

钢结构节点
视频讲解

1. 创建柱脚节点

1）单击"创建节点"按钮 ⬚ 。
创建节点

2）单击需要创建节点的钢柱，弹出创建节点界面，单击"完成选择"按钮。创建节点如图 4-56 所示。

3）软件自动筛选出该钢柱截面类型下的柱脚节点，如图 4-57 所示。

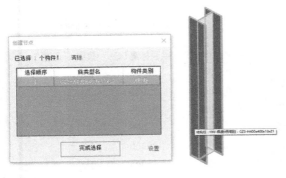

图 4-56　创建节点

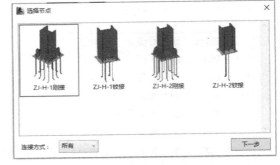

图 4-57　自动筛选柱脚节点

4）选择需要创建的柱脚类型（双击节点图标或单击后点"下一步"按钮）进入创建节点编辑界面，如图 4-58 所示。

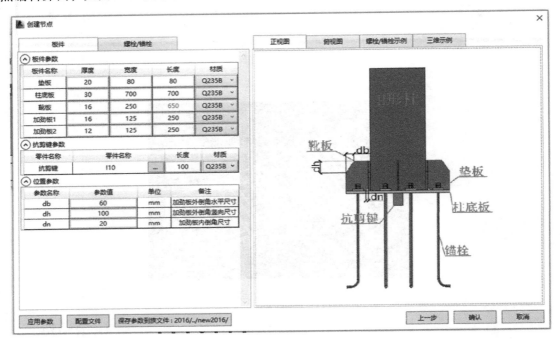

图 4-58　编辑柱脚节点

5）编辑板件、抗剪键以及板件的位置参数，如图 4-59 所示。

6）编辑锚栓、板件的布置参数，如图 4-60 所示。

7）应用参数，单击"确认"按钮，柱脚节点创建完成，如图 4-61 所示。

2. 创建梁柱连接节点

1）单击"创建节点"按钮。

2）选择需要创建梁柱节点的钢柱与钢梁（先选择钢柱，再选择钢梁），单击"完成选择"按钮。选择梁、柱如图 4-62 所示。

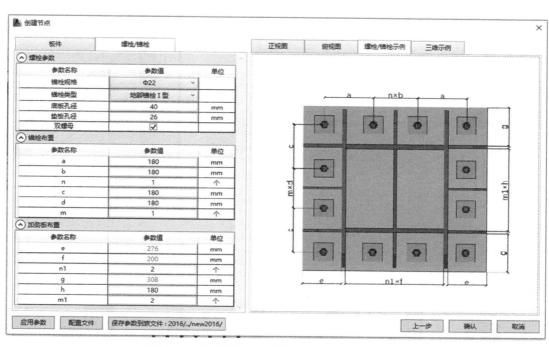

图 4-59 编辑板件、抗剪键以及板件的位置参数

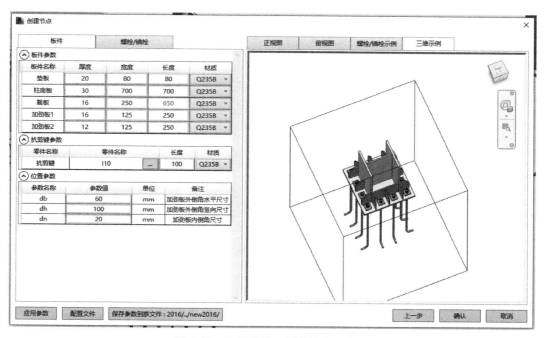

图 4-60 编辑锚栓、板件的布置参数

3）软件自动筛选出符合条件的梁柱节点，如图 4-63 所示。

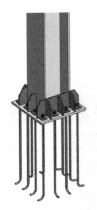

图 4-61　柱脚节点
创建完成

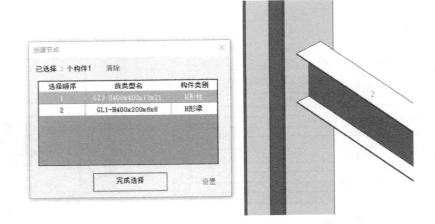

图 4-62　选择梁、柱

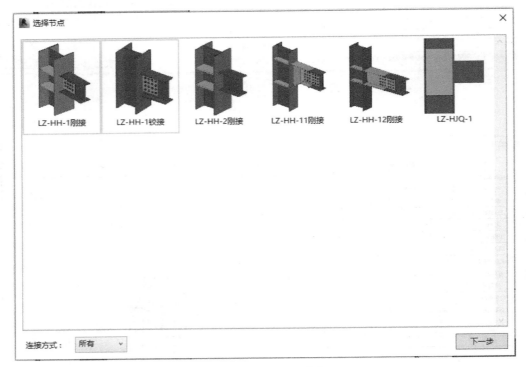

图 4-63　自动筛选节点

其余操作同柱脚节点。

3. 创建其余类型节点

对于梁梁连接节点，选择顺序为：主梁→次梁→次梁，其余操作同梁柱连接节点。

对于柱拼接节点，选择顺序为：下柱→上柱，区域操作同梁柱连接节点。

对于梁拼接节点，无选择顺序要求，其余操作同梁柱连接节点。

4. 复制节点

首先单击"复制节点"按钮，弹出复制节点界面后，先单击选择一个需要复制的节点实例（图 4-64a），然后单击选择该节点需要复制的构件，单击"完成选择"按钮（图 4-64b），弹出创建节点界面，对节点参数进行编辑后单击"应用参数"按钮，最后单击"确认"按钮，复制节点成功，如图 4-64c 所示。

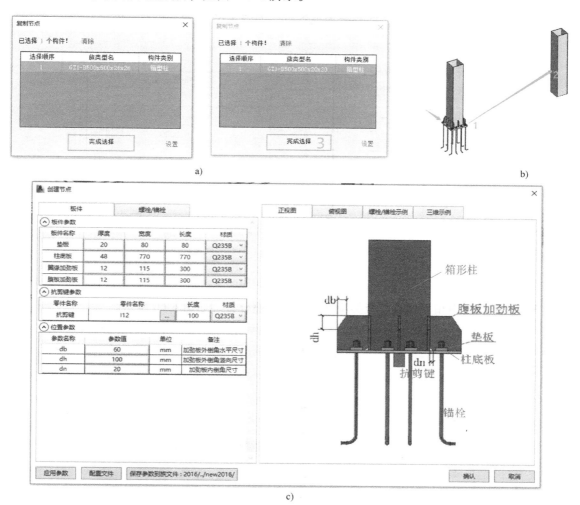

图 4-64　复制节点

4.3　预制混凝土装配式快速建模方法

在创建完成原始的土建 BIM 模型后，预制混凝土装配式（PC 装配式）快速建模软件可以实现快速生成预制构件的功能，具体包括生成叠合板、手动拆分板、生成叠合梁、生成预制柱、生成墙现浇段、生成预制墙、布置预制楼梯、布置预制阳台板、布置预制空调板等功能。

4.3.1　生成叠合板

1）单击"建模大师（PC）"页签下的"生成叠合板"按钮

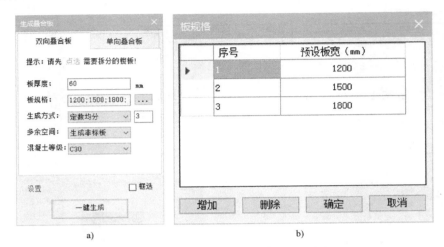　。

生成叠合板视频讲解

2）选择所要生成叠合板类型并配置板参数，如图 4-65 所示。

a)　　　　　　　　　　b)

图 4-65　选择生成叠合板类型并配置参数

3）选择模型中相关的叠合板类型并一键生成叠合板，如图 4-66 所示。

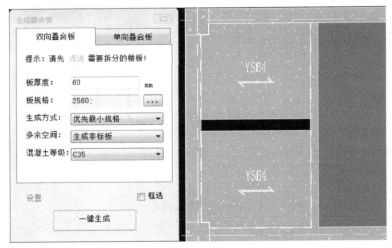

图 4-66　生成叠合板

4.3.2　手动拆分板

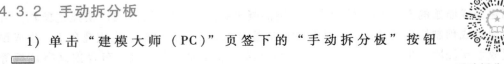

1）单击"建模大师（PC）"页签下的"手动拆分板"按钮

手动拆分板　。

手动拆分叠合板
视频讲解

2）选择要生成板类型并配置板参数，如图 4-67 所示。

a)

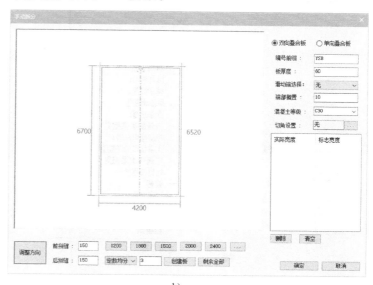

b)

图 4-67　选择要生成板类型并配置板参数

3）生成叠合板示意图，如图 4-68 所示。

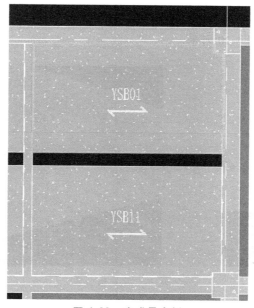

图 4-68　生成叠合板

4.3.3　生成叠合梁

1）单击"建模大师（PC）"页签下的"生成叠合梁"按钮

生成叠合梁

生成叠合梁
视频讲解

2）选择要生成叠合梁的类型并配置相关参数，如图 4-69 所示。

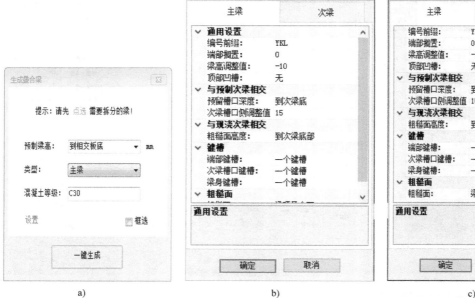

图 4-69　选择要生成叠合梁的类型并配置相关参数

3）生成叠合梁，如图 4-70 所示。

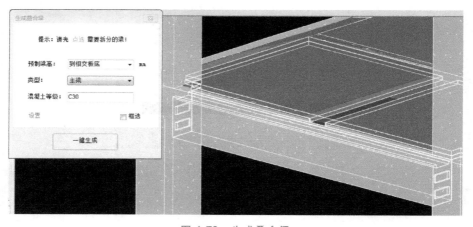

图 4-70　生成叠合梁

4.3.4　生成预制柱

1）单击"建模大师（PC）"页签下的"生成预制柱"按钮

生成预制柱
视频讲解

2）配置预制柱相关参数，如图 4-71 所示。

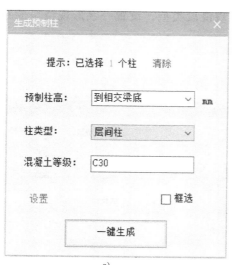 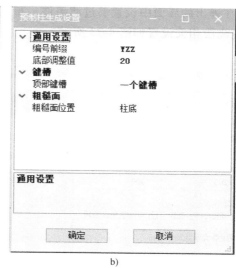

a)　　　　　　　　　　　　　　　b)

图 4-71　配置预制柱参数

3）生成预制柱，如图 4-72 所示。

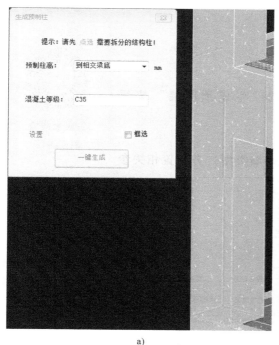 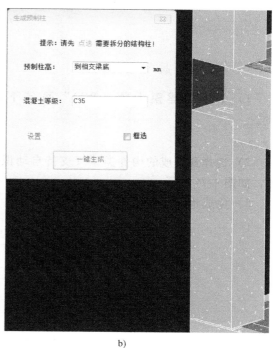

a)　　　　　　　　　　　　　　　b)

图 4-72　生成预制柱

4.3.5　生成墙现浇段

1）单击"建模大师（PC）"页签下的"生成墙现浇段"按钮

。

生成墙现浇
段视频讲解

2）在弹出的界面中设置墙过滤条件，布置现浇段类型，设置一字形现浇段的布置间距等。墙现浇段相关设置如图 4-73 所示。

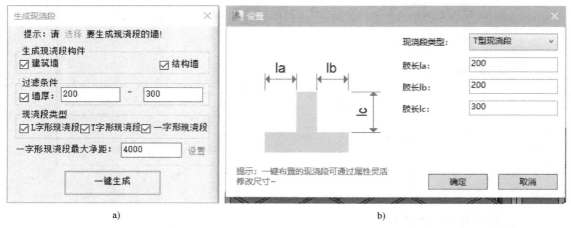

a)   b)

图 4-73　墙现浇段相关设置

4.3.6　生成预制墙

1）单击"建模大师（PC）"页签下的"生成预制墙"按钮

。

生成预制墙

2）选择要生成的构件类型（支持自动识别墙类型）并配置相关参数，如图 4-74 所示。

3）生成预制墙，如图 4-75 所示。

生成预制墙
视频讲解

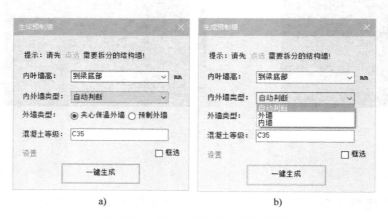

a)   b)

图 4-74　选择构件类型、配置参数

c)　　　　　　　　　　　　d)　　　　　　　　　　　　e)

图 4-74　选择构件类型、配置参数（续）

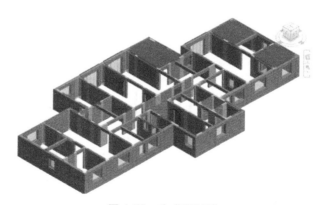

图 4-75　生成预制墙

4.3.7　布置预制楼梯

1）单击"建模大师（PC）"页签下的"布置预制楼梯"按

钮。

布置预制楼梯视频讲解

2）设置楼梯类型：根据楼梯建筑图样输入层间高、楼梯间宽，
单击"应用"按钮，按照该页签下输入数据，楼梯初步设计如图 4-76 所示。

3）设置模板参数：调整楼梯详细参数，如图 4-77 所示。

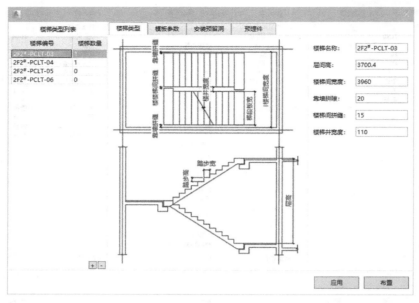

图 4-76　楼梯初步设计

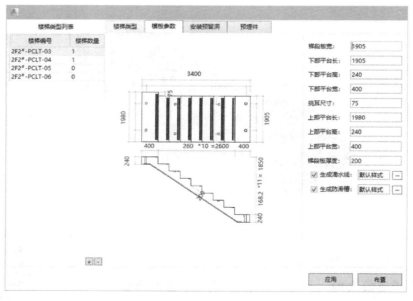

图 4-77　调整楼梯参数

　　4）设置安装预留洞口以及预埋筋：设置安装洞口类型及定位；设计吊装吊点位置，如图 4-78 所示。

　　设置完成后，单击应用"按钮"，然后到相应平面布置即可。

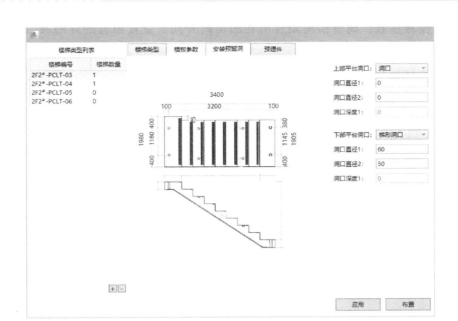

图 4-78　设置安装预留洞以及预埋筋

4.3.8　布置预制阳台板

1）单击"建模大师（PC）"页签下的"布置预制阳台板"按

钮 。

布置预制阳台
板视频讲解

2）在左上角下拉菜单中选择需要的阳台板类型，分别单击左
下角"I""+""-"，可对构件进行重命名、复制、删除操作，如图 4-79 所示。

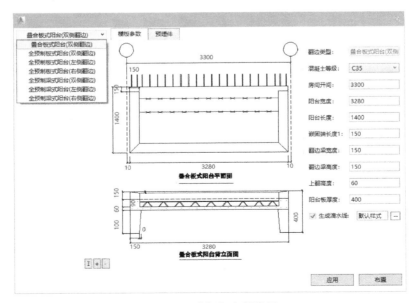

图 4-79　选择阳台板类型

3）设置模板参数：调整预制阳台所在的房间开间，设置阳台的详细参数，如图 4-80 所示。

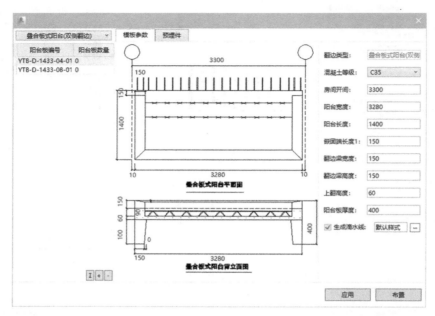

图 4-80　设置模板参数

4）设置预埋件：设置预埋件的类型及定位，如图 4-81 所示。

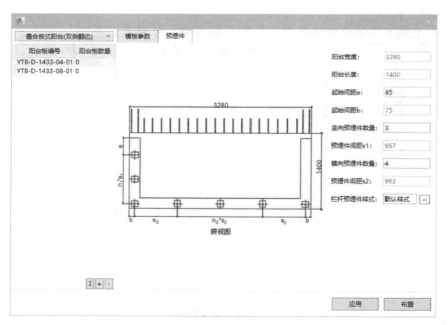

图 4-81　设置预埋件

设置完成后，单击"应用"按钮，然后到相应平面布置即可。

4.3.9 布置预制空调板

1）单击"建模大师（PC）"页签下的"布置预制空调板"

按钮 。

2）分别单击"空调板类型列表"右下角的"I""+""–"按钮，可对构件进行重命名、复制、删除操作，如图 4-82 所示。

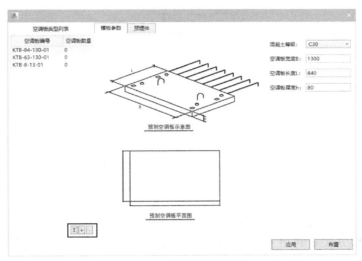

图 4-82　设置空调板类型

3）设置模板参数：调整预制空调板的详细参数，如图 4-83 所示。

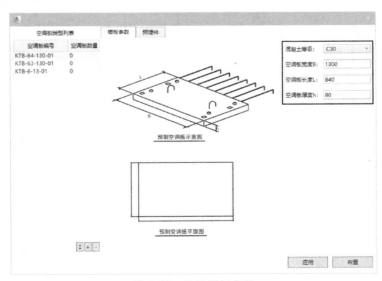

图 4-83　设置模板参数

4）设置预埋件：设置预埋件的类型及定位，如图 4-84 所示。

设置完成后，单击"应用"按钮，然后到相应平面布置即可。

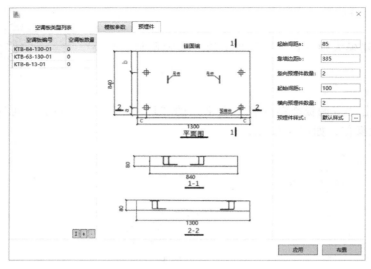

图 4-84　设置预埋件

■ 4.4　机电专业快速建模方法

本书的机电专业快速建模主要介绍管道系统与风管系统、管道、风管、电缆桥架、喷淋的快速建模，主要方法是利用 CAD 转化模块，根据已经设计好的 CAD 平面图快速制作成 Revit 模型。

4.4.1　管道系统与风管系统

1）单击"管道系统"按钮 。

管道系统视频讲解

2）在弹出的对话框中，可以根据自己的需求修改管道系统以及风管系统的属性，如图 4-85 所示。

图 4-85　修改属性

4.4.2　管道转化

1）单击"管道转化"按钮。

管道转换
视频讲解

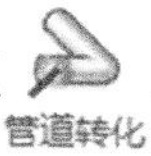

2）提取横管层、横管标注层、系统起始点（起始点也可不提取）信息，如图4-86所示。

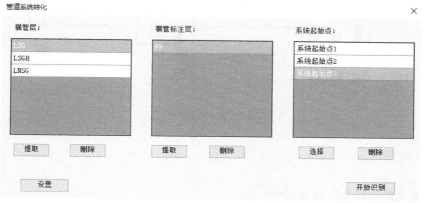

图4-86　提取信息

3）设置。单击"设置"按钮，弹出的"高级设置"对话框如图4-87所示。

4）设置完成，单击"开始识别"按钮，弹出识别后的构件预览表。表中列出了从CAD图识别出的管道系统数量以及构件参数。转化预览如图4-88所示。

5）在构件"转化预览"界面内，可修改管道相关参数，修改完成后，单击"生成构件"按钮，即可生成Revit实例构件（图4-89）。

图4-87　"高级设置"对话框

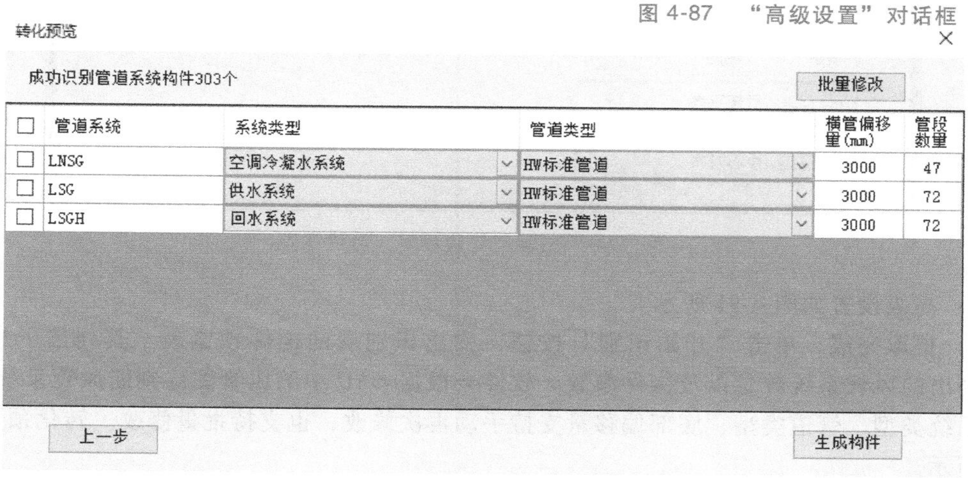

转化预览

成功识别管道系统构件303个　　　　　　　　　　批量修改

	管道系统	系统类型	管道类型	横管偏移量(mm)	管段数量
☐	LNSG	空调冷凝水系统	HW标准管道	3000	47
☐	LSG	供水系统	HW标准管道	3000	72
☐	LSGH	回水系统	HW标准管道	3000	72

上一步　　　　　　　　　　　　　　　　　生成构件

图4-88　转化预览

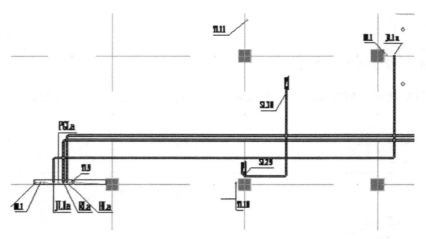

图 4-89　生成构件

4.4.3　风管转化

1）单击"风管转化"按钮 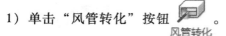 。

2）提取风管管线层、标注层。风管对齐方式支持底部平齐、顶部平齐、中心对齐三种方式，如图 4-90 所示。

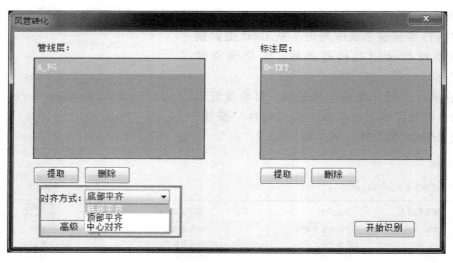

图 4-90　提取风管管线层、标注层

3）高级设置如图 4-91 所示。

4）提取完成，单击"开始识别"按钮，弹出识别后的构件预览表。其列出了从 CAD 图识别出的风管系统数量以及构件参数。软件会根据 CAD 中的风管图层判断风管系统类型，风管系统类型、管道类型、底部偏移量支持手动再次修改，也支持批量修改。转化预览如图 4-92 所示。

5）修改完成后，单击"生成构件"按钮，即可生成 Revit 实例构件，如图 4-93 所示。

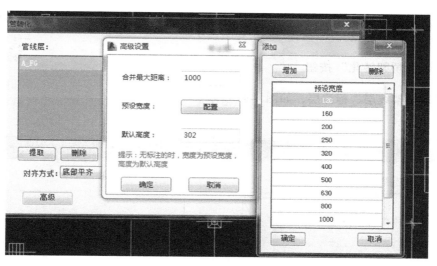

图 4-91 高级设置

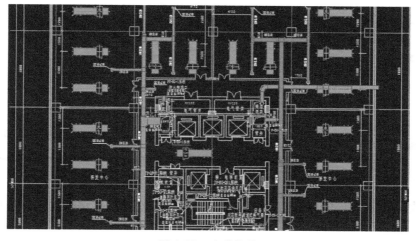

图 4-92 转化预览

图 4-93 生成构件

4.4.4　电缆桥架转化

1）单击"桥架转化"按钮。

2）提取桥架线层、标注层，如图 4-94 所示。

电缆桥架转化
视频讲解

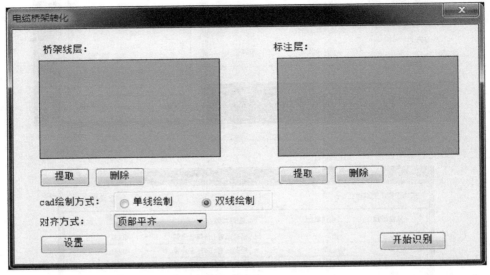

图 4-94　提取桥架线层、标注层

3）设置。单击"设置"按钮，弹出"高级设置"对话框，如图 4-95 所示。

4）提取完成，单击"开始识别"按钮，弹出识别后的构件预览表。其列出了从 CAD 图识别出的桥架系统数量以及构件参数。转化预览如图 4-96 所示。

图 4-95　高级设置

图 4-96　转化预览

5）修改完成后，单击"生成构件"按钮，即可生成 Revit 实例构件，如图 4-97 所示。

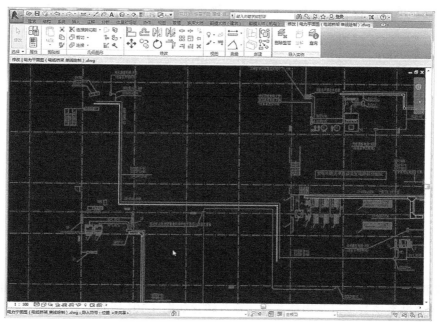

图 4-97 生成构件

4.4.5 喷淋转化

1) 单击"喷淋转化"按钮 。

喷淋转化

2) 提取管线层、喷头层、标注层、系统起点干管等信息，如
图 4-98 所示。

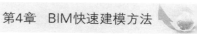

喷淋转化
视频讲解

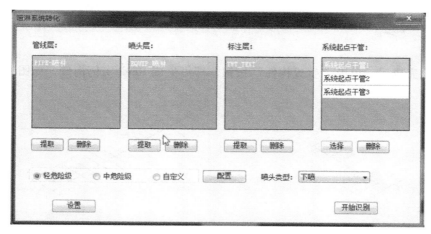

图 4-98 提取信息

3) 设置危险等级，如图 4-99 所示。

4) 喷头类型。喷头类型支持上喷、下喷和上、下喷。

5）设置。单击"设置"按钮，弹出"高级设置"对话框，如图4-100所示。

图 4-99 设置危险等级　　　　　　图 4-100 高级设置

6）提取完成，单击"开始识别"按钮，弹出识别后的构件预览表。其列出了从 CAD 图识别出的喷淋系统数量以及构件参数。预览转化如图4-101所示。

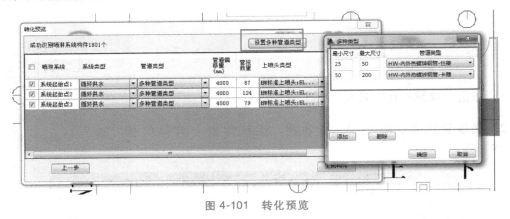

图 4-101 转化预览

7）修改完成后，单击"生成构件"按钮，即可生成 Revit 实例构件，如图4-102所示。

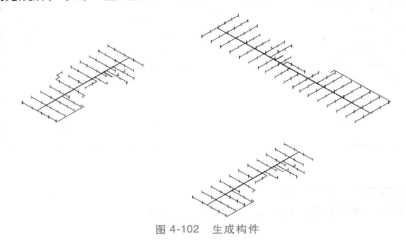

图 4-102 生成构件

4.5 全专业 BIM 综合应用

完成建筑、结构与机电的 BIM 模型后，该插件提供了较为重要的专业综合应用，包括净高分析、生成净高平面、碰撞检测、一键开洞等，较 Revit 传统方法的修改和成果产出更为便捷。

4.5.1 净高分析

1）单击"净高分析"按钮 净高分析 。

净高分析视频讲解

2）弹出"净高检测"对话框，单击"设置"按钮，可设置净高检测范围，如图 4-103a 所示。

a)

b)

图 4-103 检测设置

a）净高检测 b）类别设置

3）单击"设置"按钮，进行类别设置，如图 4-103b 所示。

4）单击"运行检测"按钮，弹出净高结果，如图 4-104 所示。

图 4-104 净高结果

5）双击构件条，可在模型中查看构件，软件会把不满足净高要求的构件选中，其他的构件都会相对应地透明，同时支持用户直接在模型上修改。查看构件如图 4-105 所示。

6）单击"导出净高报告"按钮（图 4-106a），支持导出当前净高结果中显示的构件的报告，如图 4-106b 所示。

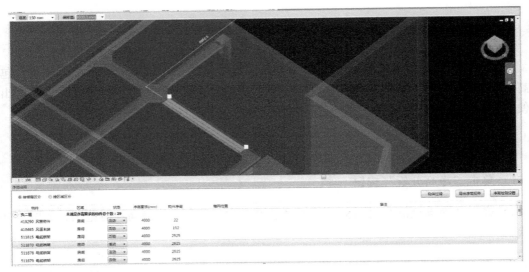

图 4-105　查看构件

a)

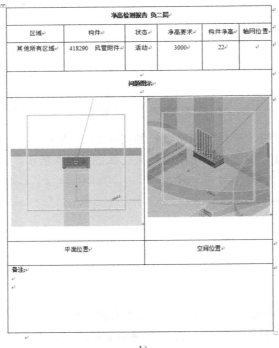

b)

图 4-106　导出净高报告

4.5.2　生成净高平面

1）单击"净高平面"按钮 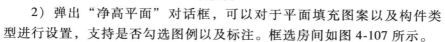。

2）弹出"净高平面"对话框，可以对于平面填充图案以及构件类型进行设置，支持是否勾选图例以及标注。框选房间如图4-107所示。

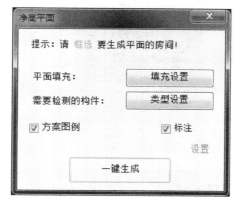

图 4-107　框选房间

3）分别单击"填充设置"和"类型设置"按钮，弹出"填充设置"对话框如图4-108所示。

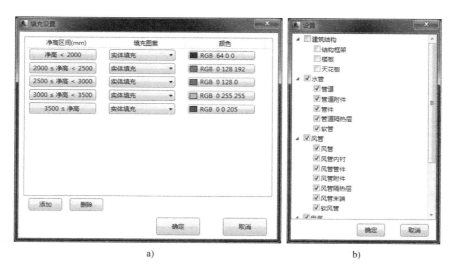

图 4-108　填充设置及类型设置

4）框选房间，生成净高平面，如图4-109所示。

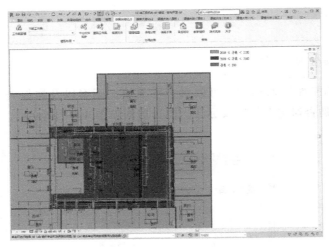

图 4-109 生成净高平面

4.5.3 碰撞检测

1）单击“碰撞检测”按钮 。

碰撞检测
视频讲解

2）弹出“碰撞检查”界面，进行碰撞检测设置，如图 4-110 所示。

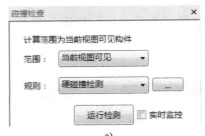

a)

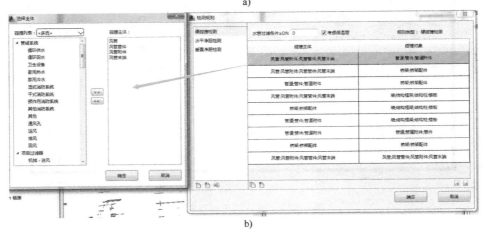

b)

图 4-110 碰撞检测设置

3）单击"运行检测"按钮，显示碰撞检测结果，如图4-111所示。

碰撞主体	碰撞对象
717502 风道末端	717526 管道
717196 风管管件	717263 管件
717511 风道末端	717549 管件
717511 风道末端	717741 管件
716940 风管附件	717012 管道
713498 风管	716784 管道
713498 风管	716851 管件
713498 风管	716880 管道附件
713498 风管	724456 管道附件

图4-111　碰撞检测结果

4）如图4-111所示，勾选"实时监控"复选框，单击"运行检测"按钮，此时，软件将监控所有的碰撞点。

4.5.4　一键开洞

一键开洞
视频讲解

1）单击"一键开洞"按钮 🔲，弹出"一键开洞"对话框。

2）选择需要开洞的建筑构件、管线类型、开洞方式和构件位置。软件支持选择建筑构件开洞或选择管线开洞，软件支持开洞方式按建筑构件或按管线；构件位置可选择当前模型中或链接模型。选择开洞建筑构件如图4-112所示。

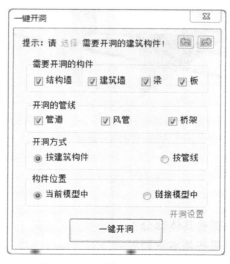

图4-112　选择开洞建筑构件

3）单击"开洞设置"选项卡，在开洞"设置"对话框里可以对于相对应的构件设置相对应的洞口或套管。设置洞口或套管如图4-113所示。

a)

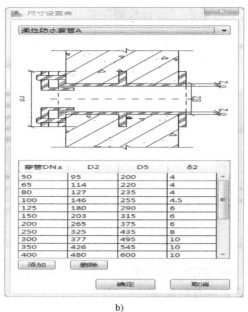

b)

图 4-113　设置洞口或套管

4）框选需要开洞的构件，单击"一键开洞"按钮自动开洞，如图 4-114 所示。

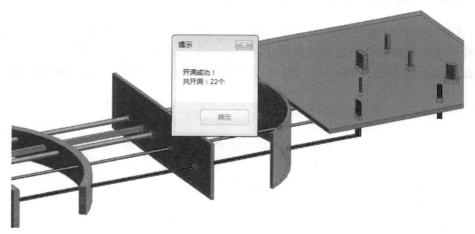

图 4-114　一键开洞

思　考　题

1. 土建专业建模划分为哪些具体部分？
2. 钢结构快速建模包含哪些基本流程？
3. PC 结构快速建模可以对哪些预制构件快速建模？
4. BIM 综合应用中可以实现哪些功能？
5. 碰撞检测的基本操作流程有哪些？

第 5 章

BIM的设计管理应用

本章要点

1. 设计阶段 BIM 的模型内容与应用点。
2. 设计阶段 BIM 应用流程。
3. 设计阶段 BIM 协同的方式。
4. 设计阶段 BIM 协同管理平台。

学习目标

1. 熟悉设计阶段 BIM 模型的主要内容、应用点和应用流程。
2. 了解设计阶段 BIM 的协同方式。
3. 熟悉设计阶段 BIM 协同管理平台的主要功能。

■ 5.1 设计管理 BIM 的内容与应用清单

设计阶段是 BIM 模型发起和生成的一个重要阶段，所以无论是从设计阶段对整个项目的重要性的角度，还是从 BIM 设计模型对于后续 BIM 技术应用的适用性的角度，设计阶段的 BIM 技术应用都非常重要。

一般而言，设计阶段包括方案设计、初步设计和施工图设计三个阶段。

在设计阶段的项目管理工作中应用 BIM 技术的最终目的是提高项目设计效率和质量，强化前期决策的及时性和准确度，减少后续施工期间的沟通障碍和返工，保障建设周期，降低项目总投资。同时，设计阶段的 BIM 技术应用也要兼顾后续施工阶段、运维阶段 BIM 技术应用的需要，为全过程 BIM 技术应用提供必要的基础。

5.1.1 设计管理 BIM 的内容

方案设计、初步设计、施工图设计等各阶段的设计内容逐级丰富和精细，设计要求逐级提高。因此，各设计阶段模型单元的种类和数量必然有所不同，渐趋丰富及完善。模型单元及其信息的多寡情况和详细程度主要取决于 BIM 应用需求和国家或所在地区建筑工程设计文件编制深度的有关要求。设计阶段 BIM 模型包含的基本内容见表 5-1。

表 5-1 设计阶段 BIM 模型包含的基本内容

阶段	内容
方案设计	1. 现状地形、地貌及保留建(构)筑物 2. 用地红线、规划控制线 3. 周边城市道路及相邻市政设施 4. 拟建建筑 5. 拟建道路、停车场 6. 拟建广场、活动场地及景观小品 7. 拟建绿地 8. 日照分析 9. 功能、空间形态等分析
初步设计	1. 现状地形、地貌及保留建(构)筑物 2. 用地红线、规划控制线 3. 周边城市道路及相邻市政设施 4. 拟建建筑 5. 拟建道路、停车场 6. 拟建广场、活动场地及景观小品 7. 拟种植的乔木 8. 拟建绿地 9. 拟建挡土墙、护坡、围墙、排水沟等构筑物 10. 日照分析 11. 土石方平衡、场地平整或基坑开挖 12. 主要地面设备设施 13. 埋地设备设施,包括埋地储罐、蓄水池、污水站、隔油池、化粪池等
施工图设计	1. 现状地形、地貌及保留建(构)筑物 2. 用地红线、规划控制线 3. 周边城市道路及相邻市政设施 4. 拟建建筑 5. 拟建道路、停车场 6. 拟建广场、活动场地及景观小品 7. 拟种植的乔木 8. 拟建绿地,包括草坪、灌木等种植 9. 拟建挡土墙、护坡、围墙、排水沟、电缆沟等构筑物 10. 土石方平衡、场地平整或基坑开挖 11. 地面设备设施,包括消防栓、箱式变压器、调压柜、冷却塔等 12. 埋地设备设施,包括埋地储罐、蓄水池、污水站、隔油池、化粪池等 13. 室外管线综合

5.1.2 设计管理 BIM 的应用清单

BIM 技术在设计管理中的应用任务和各阶段 BIM 技术应用点是互相交织的,BIM 在设计阶段的基本应用清单见表 5-2。

表 5-2　BIM 在设计阶段的基本应用清单

序号	阶段	阶段工作内容描述	应用项
01	方案设计	本阶段目的是为建筑设计后续若干阶段的工作提供依据及指导性的文件。主要工作内容是根据设计条件,建立设计目标与设计环境的基本关系,提出空间建构设想、创意表达形式及结构方式的初步解决方法等	场地分析
02			建筑性能模拟分析
03			设计方案比选
04			虚拟仿真漫游
05	初步设计	本阶段目的是论证拟建工程项目的技术可行性和经济合理性,是对方案设计的进一步深化。主要工作内容包括:拟定设计原则、设计标准、设计方案和重大技术问题以及基础形式;详细考虑和研究建筑、结构、给水排水、暖通、电气等各专业的协同	建筑、结构专业模型构建
06			建筑结构平面、立面、剖面检查
07			面积明细表统计
08			机电专业模型构建
09	施工图设计	本阶段是向施工交付设计成果阶段,主要解决施工中的技术措施、工艺做法、用料等问题,为施工安装、工程预算、设备及构件的安放、制作等提供完整的模型和图样依据	各专业模型构建
10			碰撞检测及三维管线综合
11			净空优化
12			二维制图表达

■ 5.2　设计管理 BIM 应用流程

区别于传统的 CAD 二维设计出图,基于 BIM 的设计基本流程是"先建模,后出图",也称为 BIM 正向设计。设计人员一开始就将设计思想表达在三维模型上,并赋予相应的信息,其目标是更为直观地表达设计思想,省去"设计时由三维图形转换为二维图形,施工时由二维图形还原为三维图形"的过程,并通过计算机的参数化功能减少设计人员的一部分工作量,使其能够专注于设计而非绘图。传统模式下的设计流程如图 5-1 所示,BIM 模式下的设计流程如图 5-2 所示。

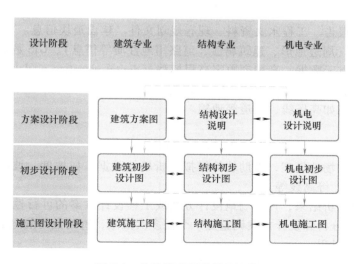

图 5-1　传统模式下的设计流程

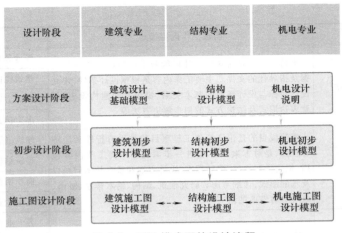

图 5-2 BIM 模式下的设计流程

5.2.1 方案设计阶段 BIM 应用流程

方案设计阶段的 BIM 应用主要是利用 BIM 技术对项目的设计方案进行数字化仿真模拟表达以及对其可行性进行验证，对下一步深化工作进行推导和方案细化。首先利用 BIM 软件对建筑项目所处的场地环境（如坡度、坡向、高程、纵断面和横断面、填挖量、等高线、流域等）进行必要的分析，作为方案设计的依据；然后利用 BIM 软件建立建筑模型，输入场地环境相应的信息，进而对建筑物的物理环境（如气候、风速、地表热辐射、采光、通风等）、出入口、人车流动、结构、节能减排等方面进行模拟分析；最后进行设计方案比选，选择最优的工程设计方案。

1. 场地分析

场地分析的主要目的是利用场地分析软件或设备，建立场地模型，在场地规划设计和建筑设计的过程中，提供可作为评估设计方案的依据的可视化的模拟分析数据。在进行场地分析时宜详细分析建筑场地的主要影响因素。

（1）数据准备

1）地质勘察报告、工程水文资料、现有规划文件、建设地块信息。

2）电子地图（周边地形、建筑属性、道路用地性质等信息）、GIS 数据。

3）原始地形点云数据、高精度数字高程模型（digital elevation model）。

4）场地既有管网数据、周边主干管网数据。

5）地貌数据，如高压线、河道等地貌。

（2）操作流程

1）收集数据，并确保测量勘察数据的准确性。

2）建立相应的场地模型，借助软件模拟分析场地数据，如坡度、坡向、高程、纵断面和横断面、填挖量、等高线等。

3）根据场地分析结果，评估场地设计方案或工程设计方案的可行性，判断是否需要调整设计方案。模拟分析和设计方案调整是一个需多次推敲，直到最终确定最佳场地设计方案或工程设计方案的过程。

4）根据设计方案，分析得出场地数据成果，与模型一并移交至下一阶段。

场地分析的 BIM 应用操作流程如图 5-3 所示。

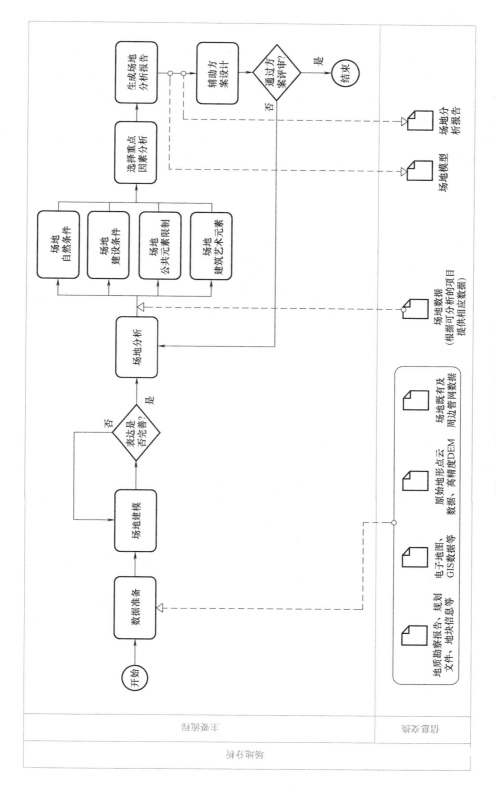

图 5-3 场地分析的 BIM 应用操作流程

（3）成果参考

1）场地模型。模型应体现坐标信息、各类控制线（用地红线、道路红线、建筑控制线）、原始地形表面、场地初步设计方案、场地道路、场地范围内既有管网、场地周边主干道路、场地周边主管网、三维地质信息等。

2）场地分析报告。报告应体现场地模型图像、场地分析结果，以及对场地设计方案或工程设计方案的场地分析数据对比。

如图5-4所示为BIM结合GIS的场地分析模拟，其可得出较好的分析数据，能够为设计单位提供最理想的场地规划、交通流线组织关系、建筑布局等关键决策所需信息。

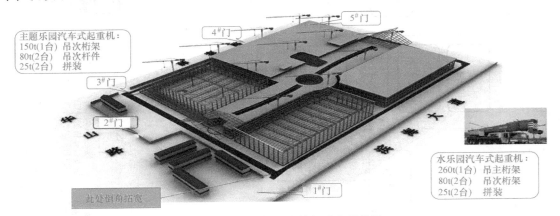

图5-4　BIM结合GIS的场地分析模拟

2. 建筑性能模拟分析

建筑性能模拟分析的主要目的是利用专业的性能分析软件，使用建筑信息模型或者通过建立分析模型，对建筑物的日照、采光、通风、能耗、人员疏散、火灾烟气、声学、结构、碳排放等进行模拟分析，以提高建筑的舒适度、绿色性、安全性和合理性。

在方案设计阶段，建筑性能模拟分析辅助设计人员确定合理的建筑方案，例如：风环境模拟主要采用计算流体力学（Computational Fluid Dynamics，CFD）技术，对建筑周围的风环境进行模拟评价，从而帮助设计师推敲建筑物的体型、布局，对设计方案进行优化，以达到有效改善建筑物周围的风环境的目的，如图5-5所示；能耗模拟分析主要是对建筑物的负荷和能耗进行模拟分析，在满足节能标准各项要求的基础上，帮助设计师提供可参考的最低能耗方案，以达到降低建筑能耗的目的，如图5-6所示；遮阳和日照模拟主要是对建筑和周边环境的遮阳和日照进行模拟分析，在满足建筑日照规范的基础上，帮助设计师进行日照方案比选，以达到提升建筑日照品质的要求，降低对周围建筑物遮阳影响，如图5-7所示。

建筑性能模拟分析的步骤如下：

（1）数据准备　数据准备包括建筑信息模型或相应方案设计资料、气象数据、热工参数及其他分析所需数据。

（2）操作流程

1）收集数据并确保数据的准确性。

2）根据前期数据以及分析软件的要求，建立各类分析所需的模型。

3）分别获得单项分析数据，综合各项结果反复调整模型并进行评估，寻求建筑综合性能平衡点。

4）根据分析结果，调整设计方案，选择能够最大限度提高建筑物性能的方案。

 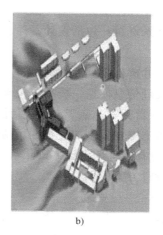

a)   b)

图 5-5　场地风环境模拟

a）冬季风环境模拟　b）夏季风环境模拟

 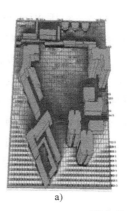 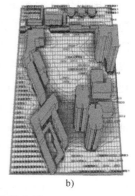

a)   b)

图 5-7　日照分析

a）冬季　b）夏季

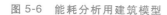

图 5-6　能耗分析用建筑模型

（3）成果

1）专项分析模型。不同分析软件对建筑信息模型的深度要求不同，专项分析模型应满足该分析项目的数据要求。其中，建筑模型应能够体现建筑的几何尺寸、位置、朝向，窗洞尺寸和位置，门洞尺寸和位置等基本信息。

2）专项模拟分析报告。报告应体现模型图像、软件情况、分析背景、分析方法、输入条件、分析数据结果以及对设计方案的对比说明。

3）综合评估报告（可选）。

3. 设计方案比选

设计方案比选的主要目的是选出最佳的设计方案，为初步设计阶段提供对应的设计方案模型。通过构建或局部调整方式，形成多个备选的设计方案模型（包括建筑、结构、设备）并进行比选，使项目方案的沟通、讨论和决策在可视化的三维仿真场景下进行，实现项目设计方案决策的直观和高效。

（1）数据准备

1）前期的方案设计模型。

2）方案设计背景资料：包括设计条件、效果图、设计说明等相关文档。

（2）操作流程

1）收集数据，并确保数据的准确性。

2）建立方案设计信息模型，模型应包含方案的完整设计信息，包括方案的整体平面布局、立面设计、面积指标等；基于二维设计图建立模型的，应确保模型和方案设计图一致。

3）检查多个备选方案模型的可行性、功能性和美观性等方面，并进行比选，形成相应的方案比选报告，选择最优的设计方案。

4）形成最终设计方案模型。

（3）成果

1）方案比选报告。报告应包含体现项目的模型截图、图样和方案对比分析说明，重点分析建筑造型、结构体系、机电方案以及三者之间的匹配可行性。

2）方案设计模型。模型应体现建筑基本造型、结构主体框架、设备方案等。

4. 虚拟仿真漫游

虚拟仿真漫游的主要目的是利用 BIM 软件模拟建筑物的三维空间关系和场景，通过漫游、动画和 VR 等的形式提供身临其境的视觉、空间感受，有助于相关人员在方案设计阶段，进行方案预览和比选。在初步设计阶段，检查建筑结构布置的匹配性、可行性、美观性以及设备主干管排布的合理性；在施工图设计阶段，预览全专业设计成果，进一步分析、优化空间等。在设计阶段利用虚拟仿真漫游技术有助于设计者及时发现不易察觉的设计缺陷或问题，减少由于事先规划不周全而造成的损失，有利于设计人员与管理人员对设计方案进行辅助设计与方案评审，促进工程项目的规划、设计、招标投标、报批与管理。

（1）数据准备　数据准备主要有整合后的各专业模型。

（2）操作流程

1）收集数据并确保数据的准确性。

2）根据建筑项目实际场景情况，赋予模型构件相应的材质。将建筑信息模型导入具有虚拟漫游、动画制作功能的软件。

3）设定视点和漫游路径，该漫游路径应当能反映建筑物整体布局、主要空间布置以及重要场所设置，以呈现设计表达意图。

4）将软件中的漫游文件输出为通用格式的视频文件，并保存原始制作文件，以备后期调整与修改。

（3）成果

1）动画视频文件。动画视频应当能清晰地表达建筑物的设计效果，并反映主要空间布置、复杂区域的空间构造等。

2）漫游文件。漫游文件中应包含全专业模型、动画视点和漫游路径等。

虚拟仿真漫游可以让业主获得对建筑的直观视觉体验，有别于二维视图，其可以带来更佳设计体验。图 5-8 所示为三维视图和实时漫游示例。

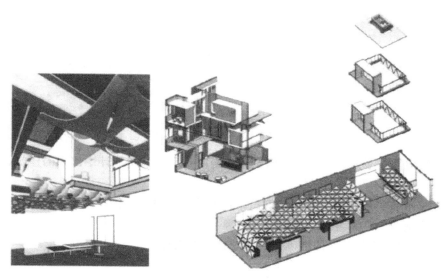

图 5-8 三维视图和实时漫游示例

5.2.2 初步设计阶段 BIM 应用流程

1. 建筑、结构专业模型构建

建筑、结构专业模型构建的主要目的是利用 BIM 软件进一步细化建筑、结构专业在方案设计阶段的三维几何实体模型，以达到完善建筑、结构设计方案的目标，为施工图设计提供设计模型和依据。

（1）数据准备

1）方案设计阶段的建筑结构模型或二维设计图。

2）建筑、结构专业初步设计样板文件：样板文件由企业根据自身建模和作图习惯创建，包括统一的建模规则（命名规则、剪切规则、工作集规则、对象颜色设置规则等）和制图规则（文字样式、字体大小、标注样式、线型等）。

（2）操作流程

1）收集数据，并确保数据的准确性。

2）分别采用建筑、结构的专业样板文件，根据方案设计模型或二维设计图建立相应的建筑、结构专业初步设计模型。为保证后期建筑、结构模型的准确整合，在模型构建前须保证建筑、结构模型有统一的基准点、轴网和标高等。

3）校验建筑、结构专业模型的准确性、完整性、专业间设计信息的一致性以及模型深度是否满足要求等，创建平面、立面、剖面视图，并在相关视图上添加关联标注及图面细节，使模型深度满足相关要求。

4）按照统一的命名规则命名文件，分别保存模型文件。

建筑、结构专业模型如图 5-9 所示。

（3）成果 成果包含建筑、结构专业模型和图样。

2. 建筑结构平面、立面、剖面检查

建筑结构平面、立面、剖面检查的主要目的是通过剖切建筑和结构专业整合模型，检查

图 5-9　某项目 Revit 模型

建筑和结构的构件在平面、立面、剖面位置是否一致，以消除设计中出现的建筑、结构不统一的错误。

（1）**数据准备**　数据准备包括建筑、结构专业初步设计阶段模型。

（2）**操作流程**

1）收集数据并确保数据的准确性、完整性和有效性。

2）整合建筑专业模型和结构专业模型。

3）剖切整合后的建筑结构模型，产生平面、立面和剖面视图，检查建筑、结构两个专业间设计内容是否统一、是否有缺漏，检查空间合理性，检查是否有构件冲突等内容。修正各自专业模型的错误，直到模型准确。

4）按照统一的命名规则命名文件，保存整合后的模型文件。

（3）**成果**

1）检查修改后的建筑、结构专业模型。

2）碰撞检测报告。报告应包含建筑结构整合模型的三维透视图、轴测图、剖切图等，以及通过模型剖切的平面、立面、剖面等二维图，并对检测修改前后的建筑结构模型做对比说明。

3. 面积明细表统计

进行面积明细表统计的主要目的是利用建筑模型提取房间面积信息，精确统计各项常用面积指标，以辅助进行技术指标测算，并能在建筑模型修改过程中，发挥关联修改作用，实现精确、快速统计。

（1）**数据准备**　数据准备包括初步设计阶段的建筑专业模型。

（2）**操作流程**

1）收集数据并确保数据的准确性。

2）检查建筑专业模型中建筑面积、房间面积信息的准确性。

3）根据项目需求，设置明细表的属性列表，以形成面积明细表的模板。根据模板创建基于建筑信息模型的面积明细表，命名面积明细表，统一明细表命名规则。根据设计需要，分别统计相应规范标准要求的面积指标，校验是否满足技术经济指标要求。

4）保存模型文件及面积明细表。

（3）**成果**

1）建筑专业模型。模型应体现房间面积等信息。

2）面积明细表。明细表应体现房间楼层、房间面积、建筑面积、建设用地面积等信息。

4. 机电专业模型构建

机电专业模型构建的主要目的是配合建筑专业对建筑区域功能划分，进行重点区域优化工作。通过初步建立机电专业主管线模型，配合协调并优化机房及管井设置，优化主管路敷设路线，为施工图设计奠定基础。

（1）数据准备

1）方案设计阶段建筑、结构专业初步设计模型。

2）方案设计阶段机电专业相关设计资料。

3）机电专业初步设计样板文件。样板文件可由企业根据自身建模和作图习惯创建，包括统一的建模规则（命名规则、专业代码、系统代码、对象颜色等）和制图规则。

（2）操作流程

1）收集数据并确保数据的准确性。

2）采用机电专业样板文件，链接建筑、结构初步设计模型。建模应采用与建筑、结构模型一致的轴网和模型基准点。

3）对机电专业主管线进行设计建模。

4）配合建筑专业协调机房、管井等功能区域划分，确保主管路线的施工可行性。

5）按照统一命名规则命名文件，保存模型。

（3）成果　成果主要包含机电专业模型。

如图5-10为某项目机电模型。

5.2.3　施工图设计阶段 BIM 应用流程

1. 各专业模型构建

各专业模型构建宜在初步设计模型的基础上做进一步深化，使其满足施工图设计阶段模型深度要求；使得项目各专业的沟通、讨论、决策等协同工作在基于三维模型的可视化情境下进行，为碰撞检测、三维管线综合及后续深化设计等提供基础模型。

（1）数据准备

1）初步设计阶段的各专业模型和图样。

2）施工图阶段的模型交付标准。

（2）操作流程

1）收集数据并确保数据的准确性。

2）深化初步设计阶段的各专业模型，达到施工图模型深度，并按照统一命名原则保存模型文件。

3）将各专业阶段性模型等成果提交给建设单位确认，按照建设单位意见调整、完善各专业设计成果。

（3）成果　成果主要包括各专业施工图设计模型（在不特别指出的情况下，以下简称施工图设计模型）。

图5-11所示为某项目建筑、结构、机电模型。

2. 碰撞检测及三维管线综合

碰撞检测及三维管线综合的主要目的是基于各专业模型，应用 BIM 三维可视化技术对施工图设计阶段进行碰撞检测，完成建筑项目设计图范围内各种管线布设与建筑、结构平面

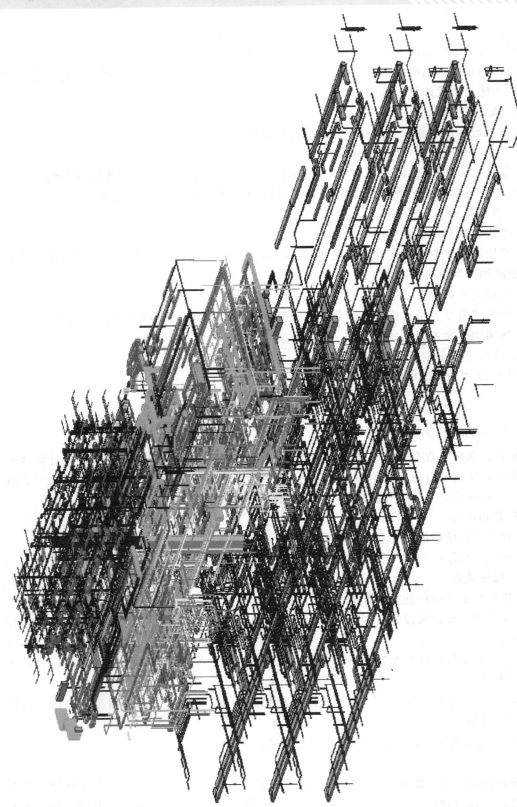

图 5-10　某项目机电模型

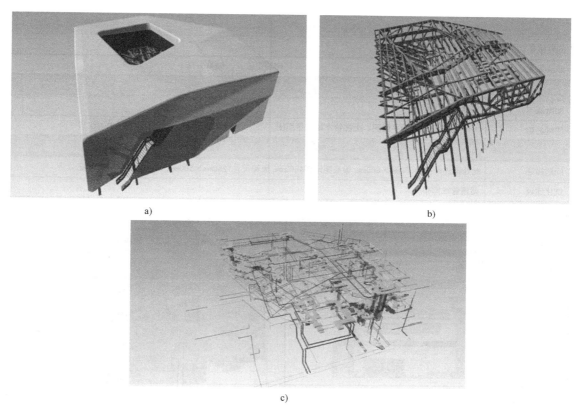

a)

b)

c)

图 5-11 某项目建筑、结构、机电模型

布置和竖向高程相协调的三维协同设计工作，尽可能减少碰撞，避免空间冲突，避免设计错误传递到施工阶段，同时使空间布局合理，例如重力管线的合理排布以减少水头延程损失。

（1）数据准备 准备好各专业模型。

（2）操作流程

1）收集数据并确保数据的准确性。

2）整合建筑、结构、给水排水、暖通、电气等专业模型，形成整合的建筑信息模型。

3）设定碰撞检测及管线综合的基本原则，使用 BIM 三维碰撞检测软件和可视化技术，检测发现建筑信息模型中的冲突和碰撞，并进行三维管线综合。编写碰撞检测报告及管线综合报告，提交给建设单位确认后调整模型。其中，一般性调整或节点的设计工作由设计单位修改解决；当较大变更或变更量较大时，宜由建设单位协调后确定解决调整方案。对于二维施工图难以直观表达的造型、构件、系统等，建议提供三维模型截图辅助表达。

图 5-12 所示为优化前后管线排布情况对比。

4）逐一调整模型，确保各专业之间的碰撞问题得到解决。

（3）成果

1）调整后的各专业模型。

2）碰撞检测报告。报告中应详细记录调整前各专业模型之间的碰撞情况，记录碰撞检测、管线综合的基本原则及冲突和碰撞的解决方案，对空间冲突、管线综合优化前后进行对

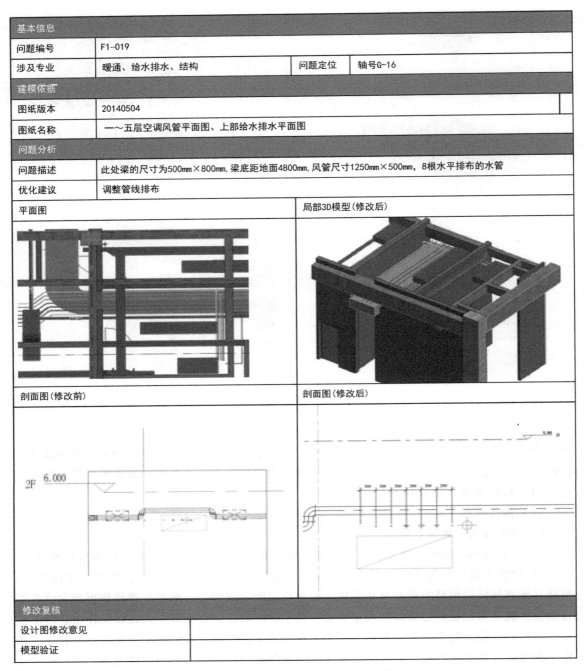

基本信息			
问题编号	F1-019		
涉及专业	暖通、给水排水、结构	问题定位	轴号G-16
建模依据			
图纸版本	20140504		
图纸名称	一~五层空调风管平面图、上部给水排水平面图		
问题分析			
问题描述	此处梁的尺寸为500mm×800mm，梁底距地面4800mm，风管尺寸1250mm×500mm，8根水平排布的水管		
优化建议	调整管线排布		
平面图		局部3D模型（修改后）	
剖面图（修改前）		剖面图（修改后）	
修改复核			
设计图修改意见			
模型验证			

图 5-12　优化前后管线综合排布情况对比

比说明。

图 5-13 所示为碰撞检测报告。

3. 竖向净空优化

竖向净空优化的主要目的是基于各专业模型，优化机电管线排布方案，对建筑物最终的竖向设计空间进行检测分析，并给出最优的净空高度。

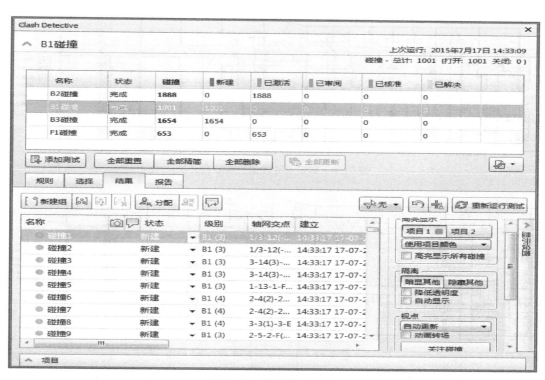

图 5-13　碰撞检测报告

（1）**数据准备**　数据准备包括碰撞检测和三维管线综合调整后的各专业模型。

（2）**操作流程**

1）收集数据并确保数据的准确性。

2）确定需要净空优化的关键部位，如公共区域、走道、车道上空等。

3）利用 BIM 三维可视化技术，调整各专业的管线排布模型，最大化提升竖向净空高度。

4）审查调整后的各专业模型，确保模型准确。

5）将调整后的建筑信息模型、优化报告以及净高分析等成果文件提交给建设单位确认。其中，对二维施工图难以直观地表达的造型、构件、系统等提供三维透视和轴测图等三维施工图形式辅助表达，为后续深化设计、施工交底提供依据。

（3）**成果**

1）调整后的各专业模型。

2）优化报告。报告应记录建筑竖向净空优化的基本原则，对管线排布优化前后进行对比说明。优化后的机电管线排布平面图和剖面图，宜反映精确竖向标高标注。

3）竖向净高优化分析。竖向净高优化分析以平面或表格形式标注不同区域此阶段管线优化后所能做到的净高。

图 5-14 和图 5-15 所示为某项目管线优化前后净高分析。

4. 二维制图表达

建筑项目设计图是表达设计意图和设计结果的重要途径，是生产制作、施工安装的重要

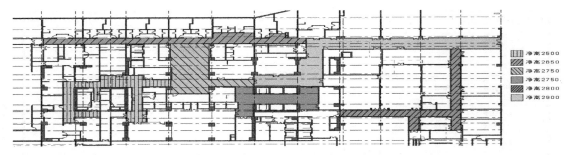

图 5-14　某项目管线优化前净高分析

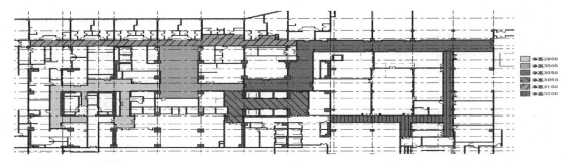

图 5-15　管线优化后净高分析

依据。相对于传统二维设计的分散性，三维设计强调的是数据的统一性、协同性和完整性，整个设计过程是基于同一个模型进行的。这里的二维制图表达应用突出的是基于 BIM 的二维制图表达，同时要符合国家现有的二维设计制图标准或 BIM 出图的相关导则或标准。

　　基于 BIM 的二维制图表达以三维设计模型为基础，通过剖切的方式形成建筑平面、立面、剖面、节点等二维断面图，可采用结合相关制图标准，补充相关二维标识的方式出图，也可在满足审批、审查、施工和竣工归档要求的条件下，直接使用二维断面图方式出图。对于复杂局部空间，宜借助三维透视图和轴测图进行表达。

　　基于 BIM 的二维制图表达主要目的是保证单专业内平面图、立面图、剖面图、系统图、详图等表达的一致性和及时性，消除专业间设计冲突与信息不对称的情况，为后续设计交底、深化设计、施工等提供依据。

　　（1）数据准备

　　1）对应设计阶段各专业设计模型。

　　2）对应设计阶段需要链接表达的其他专业模型。

　　3）前一设计阶段设计模型及图样。

　　4）国家二维制图标准或 BIM 出图的相关导则或标准，包括由企业或项目根据自身质量控制体系制定的标准，包含但不限于设计图文件命名规则、图框、线宽、线型、标注样式、文字样式（字体、字高、字宽）、图例、打印样式等。

　　5）符合制图标准的出图样板文件。

　　6）确定项目中基于 BIM 生成的图样和采用传统制图方式生成的图样。

　　7）对应阶段计算模型。

　　（2）操作流程

1）收集数据并确保数据的准确性。

2）审查对应阶段模型的合规性，确认已把其他专业提出的设计条件反映到模型上。

3）确认模型深度和构件属性信息深度达到相关图样需求。

4）对机电专业模型进行管线综合工作，对管线综合带来的问题进行全专业设计协调和修改。

5）通过剖切、调整视图深度、隐藏不需表达的构件等步骤，创建各专业相关图样，如平面图、立面图、剖面图、系统图、大样图、管线综合图等。

6）添加文字注释、尺寸标注、平法标注、图例、设计施工说明等信息。复杂空间宜增加三维透视图和轴测图。

7）根据需要，提取相关构件信息形成统计表格，如门窗表、设备材料表等。

8）检验计算模型、图样的准确性，保证模型表达与图样表达信息一致，并完成归档。

（3）成果

1）各专业施工图设计模型。确保模型间相互链接路径准确。确保模型图纸视图与最终出图内容的一致性。

2）各专业图样。利用 BIM 模型直接生成二维图样。

■ 5.3 设计管理的 BIM 协同方法

设计协同管理是面向设计单位的设计过程管理和工程设计数据管理，从基础资料管理、过程协同管理、设计数据管理、设计变更管理等方面，实现基于项目的资源共享、设计文件全过程管理和协同工作。在设计协同管理的工作模式下，所有过程的相关信息都记录在案，相关数据、图表都可以查询、统计，更容易执行设计标准，提高设计质量。

5.3.1 常用的 BIM 技术设计应用软件

市场上应用于设计阶段的 BIM 软件种类繁多。表5-3总结了国内外应用较为广泛、市场占有率较高的部分软件。

表 5-3 BIM 设计应用软件

公司	软件	应用范围			主要用途
		方案设计	初步设计	施工图设计	
Trimble	SketchUp	√	√		3D 概念建模、多专业建模
	Tekla Structures		√	√	3D 概念建模、钢结构建模
Robert McNeel	Rhino	√	√		建筑建模
Auto DesSys	Bonzail3D	√	√		建筑建模
Autodesk	Vasari	√			3D 概念建模
	Revit	√	√	√	建筑、结构、机电建模
	Showcase	√	√		进行方案评估、制订设计决策

（续）

公司	软件	应用范围			主要用途
		方案设计	初步设计	施工图设计	
Autodesk	Navisworks		√	√	模型整合、设计校审、进度模拟、虚拟漫游、动画制作
	Ecotect Analysis		√		建筑性能分析
	Robot Structural Analysis		√	√	结构分析
	AutoCAD Architecture	√	√	√	建筑建模、场地设计
	AutoCAD MEP	√	√	√	机电建模
	AutoCAD Structural Detailing	√	√	√	钢结构、混凝土结构细部设计
	AutoCAD Civil 3D		√	√	土木工程、土石方设计
Graphisoft	ArchiCAD	√	√	√	建筑建模
广联达	MagiCAD		√	√	机电建模
Bentley	AECOsim Building Designer	√	√	√	多专业建模
	AECOsim Energy simulator		√	√	能量分析
	Hevacomp		√	√	建筑节能分析
	STAAD. Pro		√	√	结构分析
	ProSteel			√	钢结构建模
	Navigator		√	√	模型审查、协同工作
FORUM 8	UC-Win/Road	√	√		道路、桥梁建模
Nemetschek	Vectorworks	√	√	√	建筑建模
Gehry Technology	Digital Project	√	√	√	多专业建模、结构分析
Solibri	Model Checker	√	√	√	模型检测
	Model Viewer	√	√	√	模型浏览
	IFC Optimizer	√	√	√	IFC 标准优化
	Issue Locator	√	√	√	模型完整性、协同化、物理安全分析等方面的检查和分析

5.3.2　BIM 协同设计模式

基于 BIM 的设计不仅要求各专业之间配合好，还要求精确、协调、同步。因为与传统的工作方式相比，其有更多的工作内容需要表达，有更多的技术问题需要解决，有更多管理问题需要面对，所以需要重新定义和规范新的设计流程和协作模式。协同设计要求项目经理与各专业负责人在项目前期商定专业之间的协同方式，制订协同要求，编制适合本项目的协同流程，保证基于 BIM 的设计过程运转顺畅，从而提高设计工作效率，保证设计水平和产品质量，降低设计成本。BIM 协同设计模式需要解决的核心问题如下：

1. 协同技术方案选择

在选择协同设计软件及平台方面主要考虑以下几个方面：

（1）协同设计软件 协同设计软件应选择同系列、同版本的设计软件，这样便于开展各专业的并行设计，如选择以 Revit、Bentley 为主的设计软件。各专业设计师可使用各自专业软件完成专业设计及计算，在与其他专业互提资料参与协同设计时，应通过格式转换满足协同设计的格式要求。

（2）协同管理软件 在并行设计的同时，管理的协同也可以使用其他的软件完成诸如碰撞检测、设计评审、会签、项目进度浏览等工作，这时可以选择轻量化协同管理软件，如 Autodesk Navisworks、Bentley Navigator、Tekla BIMsight。

（3）协同平台 项目经理应根据项目的要求选择适当的协同平台。

2. 协同流程编制

对于项目不同的 BIM 目标和要求，适合采用不同的协同流程。项目经理应在项目开始前，编制适合本项目的协同流程。

3. 协同规定制定

（1）确定项目基点 为保证项目的并行设计及协同要求，在项目开始时，需明确项目基点。

（2）确定拆分原则

1）单个模型文件的大小建议不要超过 300MB。

2）项目专业之间采用链接模型的方式进行协同设计。

3）项目同专业采用工作集或链接的方式进行协同设计。

4）建议不要在协同设计的过程中做机电的深化设计。

5）项目模型的工作分配最好由一个人整体规划并进行拆分。

（3）确定互提资料规定 需明确各专业在使用 BIM 模型提资和返资时的文件格式、模型等级、模型信息等一系列互提资料的规定。

（4）设计模型更新频率 需明确模型同步、上传、更新的频率，提高协同设计效率。

（5）确定关键进度节点协同会议时间及周期 定期召开协同工作会议，保留会议记录。

5.3.3 BIM 协同设计实施方法

在 BIM 设计项目中，BIM 协同设计分为专业内协同和专业间协同。常用的 BIM 协同方式主要有中心文件夹方式和文件链接方式。中心文件夹方式需首先根据各专业的参与人员及专业性质确定权限，划分工作范围，各自独立完成工作；然后将成果汇总至中心文件，同时在各成员处有一个中心文件的实时映射，可查看同伴的工作进度。文件链接方式也称为外部参照，其操作相对简单、方便，用户可依据需要随时加载模型文件。链接的模型文件只能"读"而不能"改"，同一模型只能被一人打开并进行编辑。

1. 专业内协同设计

专业内的 BIM 协同可采用中心文件夹方式。当项目的规模较大时，专业负责人首先可以将项目按功能区域拆分，也可以将项目按系统拆分。然后根据项目情况和团队人员，建立本专业的中心文件，并划分合适的工作界面。

2. 专业间协同设计

专业间的 BIM 协同可采用中心文件夹或文件链接两种方式实现。如果采用文件链接方式，各团队成员可在模型中引用更多的图形和数据作为外部参照，实时链接，协调修改。如果项目体量较大，涉及专业较多，可以分为专业内模型链接和专业间模型链接。

■ 5.4 设计管理的 BIM 协同平台

设计管理协同平台的主要目标是辅助 BIM 团队建立一套协同设计体系，提高团队协同工作效率。主要的工作程序及功能如下：

5.4.1 新建中心模型

在协同平台中新建能够进行构件级协同建模，支持多人同时编辑的中心模型。新建中心模型如图 5-16 所示。

新建中心模型视频讲解

5.4.2 查看模型

在平台模型列表中可以寻找需要查看的模型，双击缩略图，即可查看最近发布的版本，支持 PC 端与移动端。在 PC 端查看模型如图 5-17 所示，在移动端查看模型如图 5-18 所示。也可以在菜单中查看模型历史版本（图 5-19）。

查看模型视频讲解

图 5-16　新建中心模型

5.4.3 项目文件管理

1. 上传项目文件

在项目中可以将需要的文件上传至协同平台（图 5-20）。

项目文件管理
视频讲解

2. 查看项目文件

协同平台可以在线预览权限内各种格式的文件，包括 CAD、word、excel、ppt、pdf、图片、视频等文件。查看 CAD 文件如图 5-21 所示。

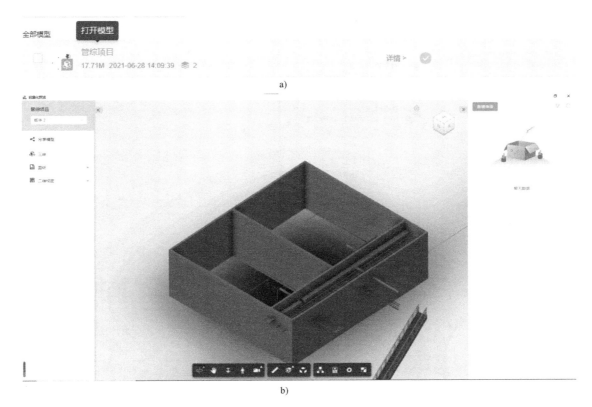

图 5-17　在 PC 端查看模型

图 5-18　在移动端查看模型

图 5-19 查看模型历史版本

图 5-20 项目文件上传

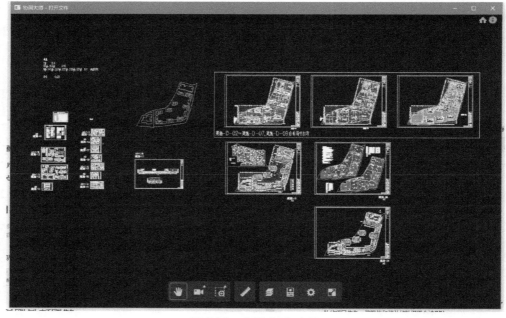

图 5-21 查看 CAD 文件

3. 下载项目文件

在协同平台中的项目文件可以被下载至本地计算机，可以对其进行各种操作。下载项目文件如图 5-22 所示。

图 5-22　下载项目文件

4. 本地编辑项目

本地编辑功能是通过下载的方式将服务器中现行版本的文件先下载到本地，然后用户使用本地计算机安装的软件对该文件进行编辑和保存，最后将本地修改完成的文件上传到服务器中替换服务器中原先版本的文件。本地编辑项目不会受到文件格式的限制，理论上任何格式的可编辑文件（rvt、rte 等均可）都支持使用本地编辑功能进行连续编辑（图 5-23）。

图 5-23　本地编辑项目文件

使用本地编辑功能，能够便捷地对服务器上的同一个文件进行连续性的修改，规避了原来通过人工方式下载编辑后上传造成的同一个文件存在多个版本的冗余，不再需要手动合并或者删除。本地编辑功能就是使用程序代替了这部分工作。使用本地编辑功能对文件进行修改时，由于存在"文件锁"的机制，同一时间只允许 1 人对文件进行本地编辑，避免单个成员在对文件进行修改时，他人也同时对该文件进行修改，造成后续两份文件无法进行合并的尴尬局面。上传更新项目文件如图 5-24 所示。

图 5-24　上传更新项目文件

5.4.4　项目成员管理

在平台中可以查看项目成员的信息，也可以管理项目成员、设置对应的权限等（图 5-25～图 5-27）。

项目成员管理视频讲解

图 5-25　查看项目成员

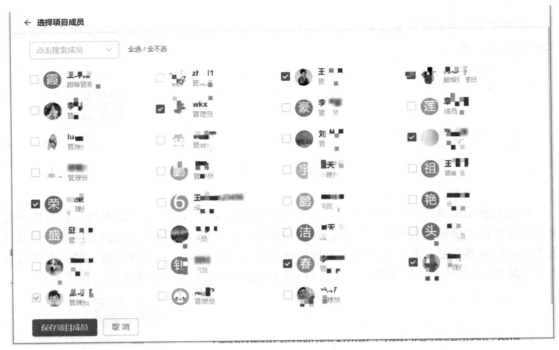

图 5-26 查看管理项目成员

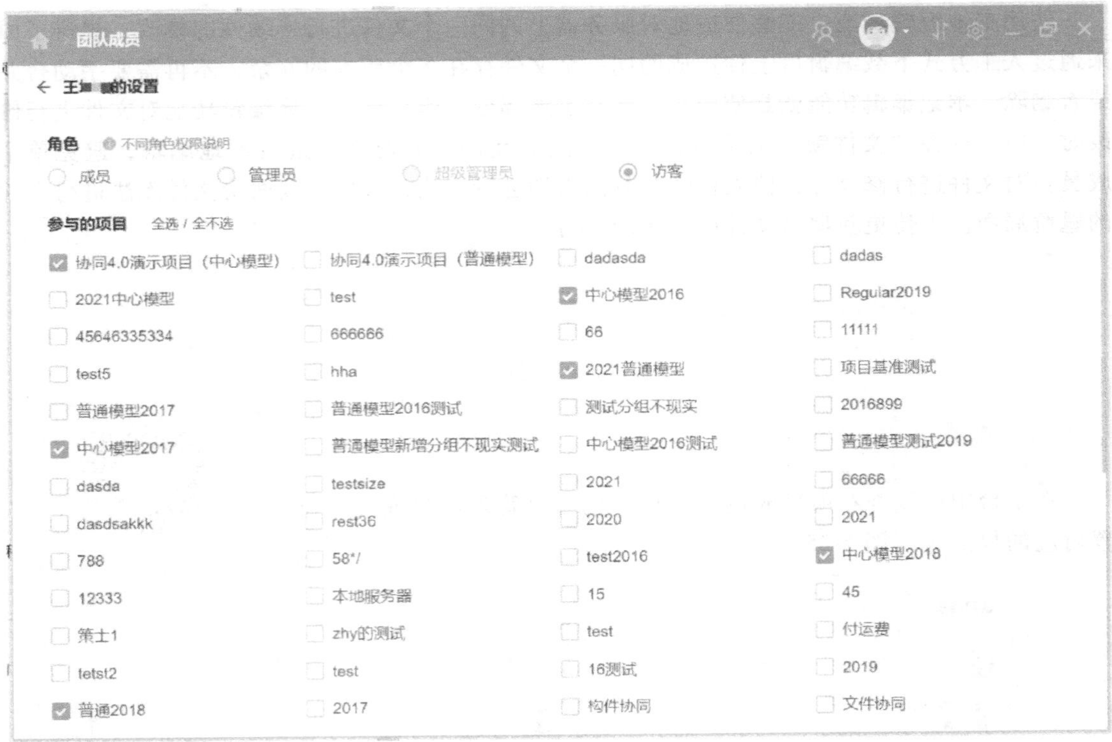

图 5-27 设置成员权限

思　考　题

1. 方案设计阶段的 BIM 应用项主要有哪些?

2. 初步设计阶段的 BIM 应用项主要有哪些?

3. 施工图设计阶段的 BIM 应用项主要有哪些?

4. 传统模式下的设计流程和 BIM 模式下的设计流程有何区别?

5. 目前常用的 BIM 设计软件有哪些?

6. 设计协同平台应当具备哪些主要功能?

第6章

BIM的施工管理应用

本章要点

1. 施工成本管理的 BIM 应用。
2. 施工技术管理的 BIM 应用。
3. 施工生产管理的 BIM 应用。
4. 施工质量、安全管理的 BIM 应用。
5. 智慧工地的 BIM 应用。

学习目标

1. 熟悉 BIM 技术在施工阶段的各种具体应用。
2. 掌握 BIM 技术在施工成本管理、技术管理、生产管理和质量安全管理的思路、流程和具体成果。
3. 熟悉智慧工地的应用点。

■ 6.1 成本管理

BIM 技术在施工成本管理中的应用点有：工程量统计、成本动态管理等。

6.1.1 实施流程

基于 BIM 的施工成本管理是将施工图设计深化模型与工程成本信息相结合，运用专业适用软件，实现模型变化与工程量变化同步，充分利用模型进行施工成本管理。基于 BIM 的施工成本管理的主要工作是工程量统计。在施工过程中，依据与施工成本有关的信息资料拆分模型或及时调整模型，BIM 软件可实现原施工图工程量和变更工程量快速计算；招标采购管理的材料与设备数量计算与统计，资源计划的精准数量提供；结合时间和成本信息，实现成本数据可视化分析、无纸化数据存储等；提高施工实施阶段工程量计算效率和准确性；实现施工过程动态成本管理与应用。工程量统计 BIM 应用流程如图 6-1 所示。

1. 收集数据

收集施工工程量计算需要的模型和资料数据，并确保数据的准确性。

2. 形成施工成本管理模型

在施工图设计深化模型的基础上，根据施工实施过程中的计划与实际情况，结合工程量

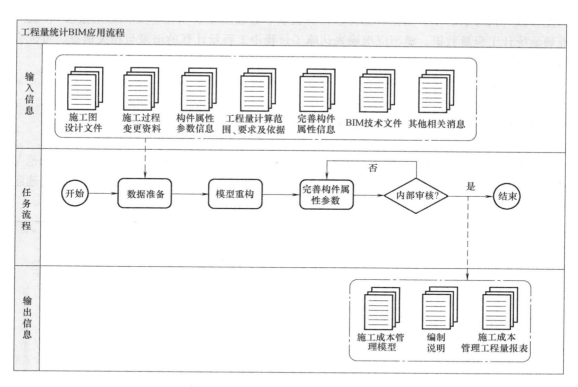

图 6-1　工程量统计 BIM 应用流程

的输出格式和内容要求，将模型和构件分解到相应的精细程度，同时在构件上附加"成本"和"进度"等相关属性信息，生成施工成本管理模型。

3. 变更设计模型

根据经确认的设计变更、签证、技术核定单、工作联系函、洽商纪要等过程资料，对施工成本管理应用的模型进行定期的调整与维护，确保施工成本管理模型符合应用要求。对于在施工过程中产生的新类型的分部分项工程按前述步骤完成工程量清单编码映射、完善构件属性参数信息、构件深化等相关工作，生成符合工程量计算要求的构件。

4. 施工成本管理工程量计算

利用施工成本管理模型，按"时间进度""形象进度""空间区域"实时获取工程量信息数据，并进行"工程量报表"的编制，完成工程量的计算、分析、汇总，导出符合施工过程管理要求的工程量报表和编制说明。

5. 施工过程成本动态管理

利用施工成本管理模型，进行资源计划的制订与执行，动态合理地配置项目所需资源。同时，在招标采购管理中高效获取精准的材料设备等数量，与供应商洽谈并安排采购，实现所需材料的精准调配与管理。

6.1.2　应用成果

1. 施工成本管理模型

模型应正确体现计量要求，可根据空间（楼层）、时间（进度）、区域（标段）、构件属性参数（尺寸、材质、规格、部位、特殊说明、经验要素、项目特征、工艺做法），及时准确地统计工程量数据。模型应准确表达施工过程中工程量计算的结果与相关信息，可配合施工工程成本管理相关工作。

选中模型中的构件，可以查看选中构件的工程量及构件属性。

2. 编制说明

说明应表述每次计量的范围、要求、依据以及相关内容。

3. 施工成本管理工程量报表

获取的工程量报表应准确反映构件工程量的净值（不含相应损耗），并符合行业规范与计量工作要求，作为施工过程动态管理的重要依据。BIM 计价管理可以基于平台进行快速组价、成本计算，分类汇总导出报表，为成本核算提供数据。成本分析报表如图 6-2 所示。

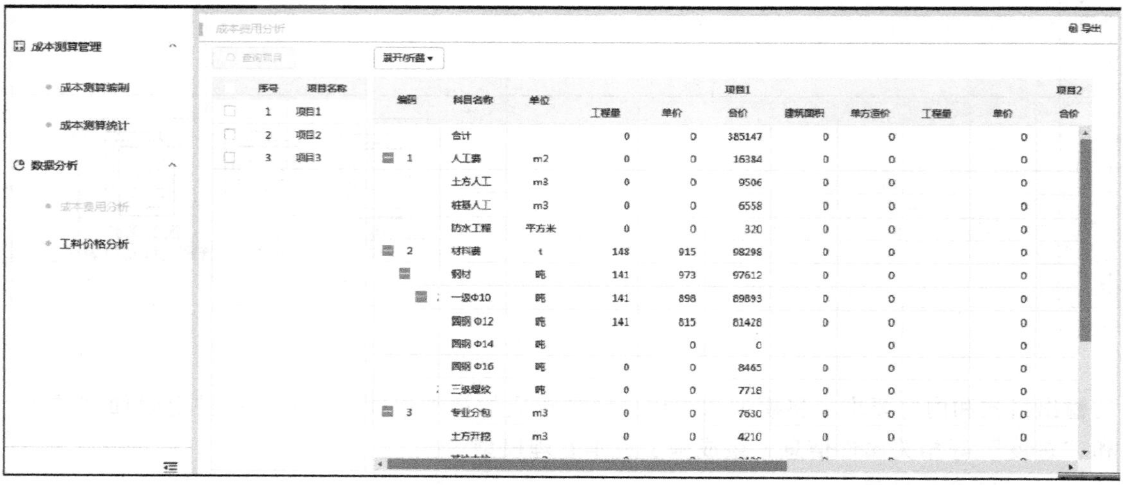

图 6-2　成本分析报表

5D 成本管理基于平台可以将进度模型与成本关联，依据需要抓取月、季、年等节点数据，并生成相应的报表，对施工各阶段所需的成本进行预测。

■ 6.2　技术管理

BIM 施工技术管理的应用点一般有：图纸会审、设计变更作业指导书（技术交底）、施工测量。

6.2.1　图纸会审

传统的图纸会审主要依据各专业人员发现图样中的问题，建设方汇总相关图样问题，召集监理、设计、施工方对图样进行审查，针对图样中出现的问题进行商讨修改，形成会审纪要。应用 BIM 技术进行图纸会审可提高审查的效率和准确性。

BIM 图纸会审的实施要点有：

1）依据施工图创建施工图设计模型，在创建模型的过程中，发现图样中隐藏的问题，并将问题进行汇总；在完成模型创建之后通过软件的碰撞检测功能，进行专业内以及各专业间的碰撞检测，发现图样设计中的问题，这项工作与深化设计工作可以合并进行。

2）在多方会审过程中，将三维模型作为多方会审的沟通媒介，在多方会审前将图样中出现的问题在三维模型中进行标记。在会审时，对问题进行逐个的评审并提出修改意见，可以提高沟通效率。

3）在进行会审交底过程中，通过三维模型向各参与方展示图样中某些问题的修改结果并进行技术交底。

6.2.2 设计变更

1. 实施流程

传统的设计变更主要是由变更方提出设计变更报告，提交监理方审核，监理方提交建设方审核，建设方审核通过再由设计方开具变更单，完成设计变更工作。采用 BIM 模型进行变更管理，用 BIM 模型的参数化、可视化功能，直观快速地体现变更内容，并通过 BIM 平台三方协同，快速完成设计变更。设计变更 BIM 技术应用流程如图 6-3 所示。

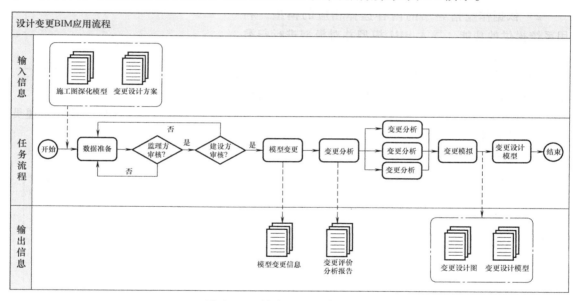

图 6-3 设计变更 BIM 应用流程

1）数据准备，收集施工图深化设计模型和变更设计方案。

2）施工方依据审定后的变更设计方案，修改 BIM 模型中相关的构件和变更参数，储存变更模型以及变更信息。如图 6-4 所示，可以根据变更问题对应查看图样。

3）提取 BIM 模型信息，对变更的方案进行评价分析，确定工程变更适用范围，确定工程变更方案的影响程度。

4）按照变更后的模型和进度计划进行三维动态模拟。

5）完成变更设计模型，导出施工图。

2. 应用成果

1）变更设计模型。

2）变更设计图。

6.2.3 作业指导书（技术交底）

1. 实施流程

应用施工图深化设计模型，以施工工艺的技术指标、操作要点、资源配置、作业时长、质量控制为核心，以工艺流程为主线，施工单位编制 3D 作业指导书。通过现场远程方式，采用 3D 可视化技术，结合二维码技术、虚拟现实等技术展示和技术交底，使施工相关参与方充分理解各项施工要求，达到可视化指导现场施工。3D 作业指导书易于学习掌握，方便现场作业人员使用，实现协同管理，保证施工成果符合管理目标要求。作业指导书 BIM 应用流程如图 6-5 所示。

1）施工图深化设计模型。

2）依据作业指导书的内容选择相应的模型，利用系统提供的功能，导入 BIM 模型并对模型进行归类和提取，使文档和模型快速关联。

3）审核和发布 3D 作业指导书。在完成 3D 作业指导书的编制后，系统自动向复核人、审核人发送消息，提醒相关人员按照要求对 3D 作业指导书进行复核和审核，待审核通过后，系统管理员可对 3D 作业指导书进行发布。

图纸管理
采光分析.dwg　问题标记数量：3　快速看图　2019-10-14
西山公园-步道1&5.dwg　问题标记数量：0　快速看图　2019-10-14
绥化药厂-建筑.dwg　问题标记数量：0　快速看图　2019-10-14
总场地平面图2018改_t3.dwg　问题标记数量：0　快速看图　2019-10-14
展厅管桁架详图.dwg　问题标记数量：0　快速看图　2019-10-14
3、4#地上建筑.dwg　问题标记数量：0　快速看图　2019-10-14
2000.dwg　问题标记数量：9　快速看图　2019-10-31
12.dwg　问题标记数量：1　快速看图　2019-11-11

图 6-4　变更问题查看

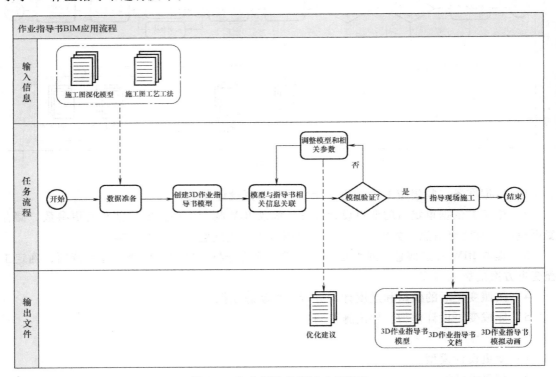

图 6-5　作业指导书 BIM 应用流程

2. 应用成果

1）3D作业指导书模型。

2）3D作业指导书或技术交底。

3）3D作业指导书模拟动画。

如图6-6是三维交底界面。

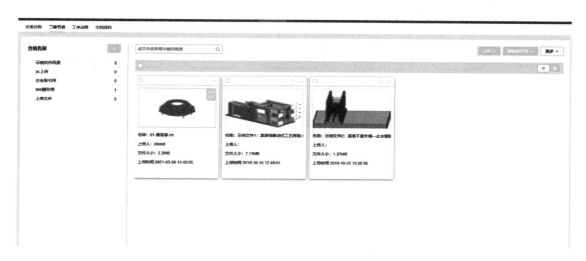

图6-6　三维交底界面

6.2.4　施工测量

1. 实施流程

将准确的BIM模型数据导入BIM放线机器人中，直接在模型中进行三维数据的可视化放样，设站完毕后，仪器自动跟踪棱镜，无须人工照准对焦，快速高效地完成测量放样作业，最终输出多种形式的测量报告，实现设计模型与现场施工无缝连接。采用BIM放线机器人放线，不仅提高放线效率，减少人工操作误差，还提高了测量精度，减少返工并缩短工期。施工测量放样BIM应用流程如图6-7所示。

1）收集准确的数据，包括施工图深化设计模型导出的放样数据及现场施工控制网规划。

2）制作施工测量控制网。

3）施工放样规划。规划放样仪器定位点和放样控制点之间的关系，编制放样点编号。

4）依据控制网，根据放样数据进行现场精确放样。

2. 应用成果

1）现场测量报告。

2）精确定位放样报告。

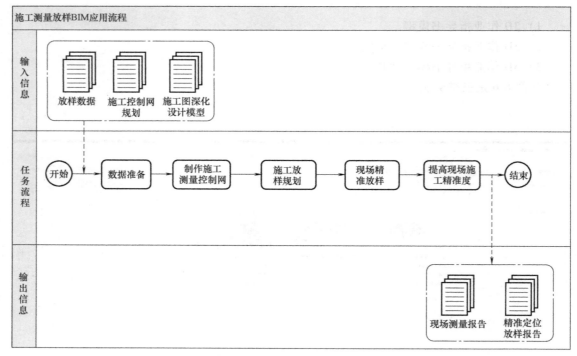

图 6-7　施工测量放样 BIM 应用流程

■ 6.3　生产管理

BIM 技术在施工生产管理中的应用点有：进度管理、设备与材料管理。

6.3.1　进度管理

1. 实施流程

在工程项目实施阶段，运用施工进度模拟模型，结合施工现场实际情况，进一步附加建造过程、施工工法、构件参数等信息，应用 BIM 技术实现施工进度计划的动态调整和施工进度控制管理。施工进度管理 BIM 应用流程如图 6-8 所示。

主要应用内容包括进度计划编制中的工作分解结构（Work Breakdown Structure，WBS）完善、资源配置、实际进度与计划进度对比分析，进度的调整、进度计划审批等工作，实现施工进度的动态管理。

1）**数据准备**，收集施工准备阶段的施工进度模拟模型和进度计划资料，确保数据的准确性。

2）在选用的进度管理软件系统中输入实际进度信息，比较虚拟计划与实际进度，按照施工的关键线路与非关键线路发出不同的预警，发现偏差并分析其产生的原因。

3）对进度偏差进行变更优化，更新进度计划。将优化后的计划作为正式施工进度计划。

4）变更施工计划经建设单位和工程监理单位审批，生成进度控制报告，用于项目实施。

2. 应用成果

1）施工进度管理模型。施工进度管理模型应准确表达构件几何信息、施工工序、施工

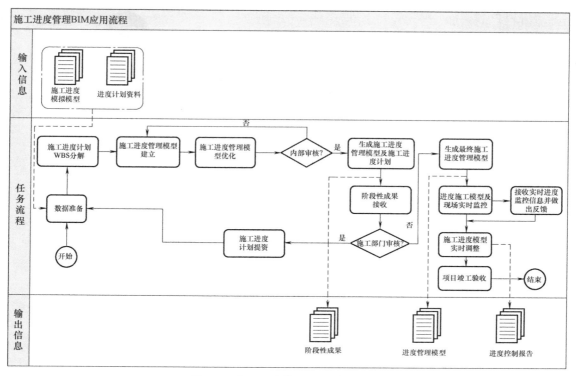

图 6-8 施工进度管理 BIM 应用流程

工艺及施工信息等。图 6-9 所示为 4D 进度管理。

2）施工进度报告。图 6-10 所示为按任务查看进度情况。

6.3.2 设备与材料管理

1. 实施流程

设备与材料管理的 BIM 应用主要是对设备、材料工程量的统计和复核，现场定位与信息输出，实现按施工作业面匹配设备与材料的目的，实现对施工过程中设备和材料的有效控制，最终实现提高工作效率，减少不必要的材料浪费和设备闲置的目的。设备与材料管理 BIM 应用流程如图 6-11 所示。

1）数据准备。施工图深化设计模型和设备与材料信息。

2）在施工图深化设计模型中添加构件信息、进度表等设备与材料信息。建立可以实现设备与材料管理和施工进度协同的建筑信息模型。

3）按作业面划分，从模型输出相应设备、材料信息，通过内部审核后，提交给施工部门审核。

4）根据工程进度实时输入变更信息，包括工程设计变更、施工进度变更等。输出所需设备与材料信息表，并按需要获取已完工程消耗的设备与材料信息和后续阶段工程施工所需设备与材料信息。

5）利用适用软件进行构件的分析统计，根据优化的动态模型实时获取成本信息，动态合理地配置施工过程中所需构件、设备和材料。

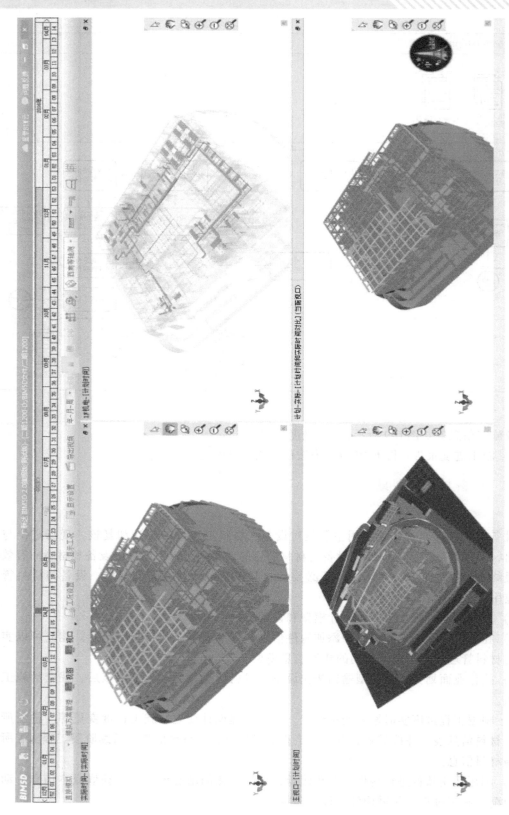

图6-9　4D进度管理

图 6-10 按任务查看进度情况

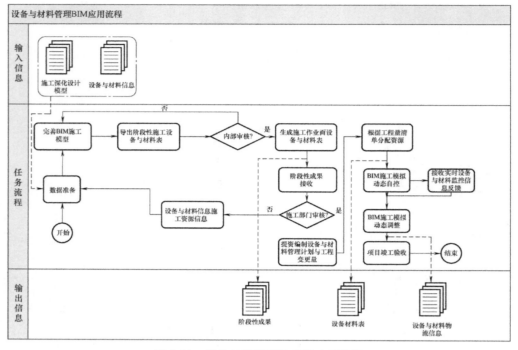

图 6-11　设备与材料管理 BIM 应用流程

2. 应用成果

1）设备与材料管理模型。

2）施工设备与材料的物流信息。

3）基于施工作业面的设备与材料表。建筑信息模型可按阶段性、区域性、专业类别等方面输出不同作业面的设备与材料表。如图 6-12 和图 6-13 所示，可以查看材料使用报告和设备使用报告。

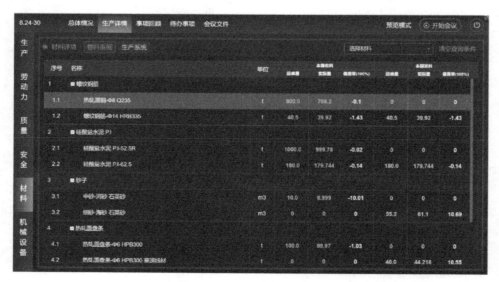

图 6-12　查看材料使用报告

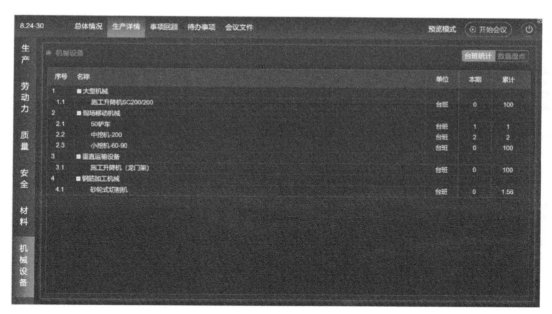

图 6-13　查看设备使用报告

6.4　质量安全管理

6.4.1　质量管理

1. 实施流程

质量管理是基于 BIM 技术的施工质量管理，主要是依据施工流程、工序验收、工序流转、质量缺陷、证明文档等质量管理要求，结合现场施工情况与施工图深化模型比对，提前发现施工质量的问题或隐患，避免现场质量缺陷和返工，提高质量检查的效率与准确性，实现施工项目质量管理目标。质量管理 BIM 应用流程如图 6-14 所示。

1）收集数据，并确保数据的准确性。

2）在施工图深化设计模型的基础上，根据施工质量方案、质量验收标准、工艺标准，生成施工质量管理信息模型。

3）利用施工质量管理信息模型的可视化功能准确、清晰地向施工人员展示及传递建筑设计意图。同时，通过可视化设备在交流屏幕上讲解 BIM 三维模型，帮助施工人员理解、熟悉施工工艺和流程，避免由于理解偏差造成施工质量问题。

4）根据现场施工质量管理情况的变化，实时更新施工质量管理信息模型。通过现场图像、视频、音频等方式，把出现的质量问题关联到建筑信息模型相应的构件与设备上，记录问题出现的部位或工序，分析原因，进而制订并采取解决措施。汇总、收集在模型中的质量问题，总结对类似问题的预判和处理经验，形成施工安全分析报告及解决方案，为工程项目的事前、事中、事后控制提供依据。

2. 应用成果

1）施工质量管理模型。

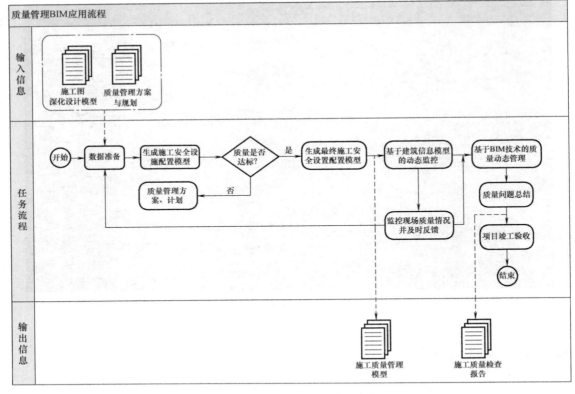

图 6-14　质量管理 BIM 应用流程

2）质量检查报告。如图 6-15 所示，管理人员可以通过平台查看项目质量问题。

1	● 合格 2021-04-16	王丽187 2021-04-09	一般 风管与法兰制作尺寸不配套，有缝隙过大现… 等级：一般问题 ⊙ 1#》土建》第8…
2	● 合格 2021-04-10	王丽187 2021-04-09	一般 预应力构件所用的材料不符合规范要求 🖼1 等级：严重问题 ⊙ 1#
3	● 待整改 超时 2021-04-10	王丽187 2021-04-09	一般 预应力筋或成孔管道的安装质量不符合要求 🖼1 等级：严重问题 ⊙ 1#》土建》第8…
4	● 待整改 超时 2021-04-10	王丽187 2021-04-09	一般 钢筋无合格证件，或证件与实物不符 🖼1 等级：严重问题 ⊙ 1#》土建》第8…
5	● 待整改 超时 2021-04-10	王丽187 2021-04-09	一般 预应力筋或成孔管道的安装质量不符合要求 等级：严重问题 ⊙ 1#》土建》第8…
6	● 待整改 超时 2021-04-10	王丽187 2021-04-09	一般 卷材防水层搭接宽度不符合要求 🖼1 等级：一般问题 ⊙ 1#》土建》第8…
7	● 待整改 超时	王丽187	一般 模板安装接缝不严，错台

图 6-15　质量检查报告

6.4.2 安全管理

1. 实施流程

基于 BIM 的安全管理，通过现场施工信息与模型信息比对，采用自动化、信息化、远程视频监测等技术生成危险源清单，可以显著减少深基坑、高大支模、临边防护等危及安全的现象，提高安全检查的效率与准确性，有效控制危险源，进而实现项目安全可控的目标。安全管理 BIM 应用主要包括施工安全设施配置模型、危险源识别、安全交底、安全监测、施工安全分析报告及解决方案。安全管理 BIM 应用流程如图 6-16 所示。

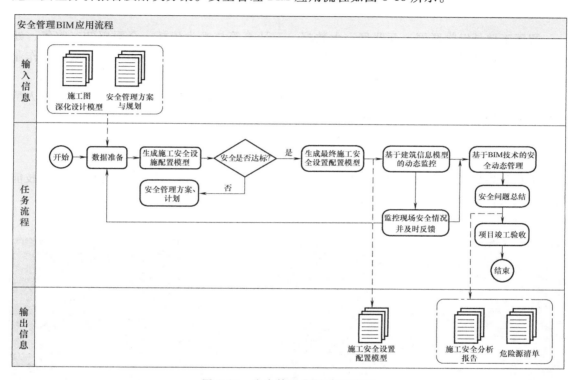

图 6-16 安全管理 BIM 应用流程

1）收集数据，并确保数据的准确性。

2）建立危险源防护设施模型和典型危险源信息数据库。

3）在施工图深化设计模型的基础上，在施工前对施工面的危险源进行判断，快速地在危险源附近进行防护设施模型布置，生成施工安全设施配置模型，直观地排查和处理安全死角，确保实现安全管理的目标。

4）利用施工图深化设计模型的可视化功能准确、清晰地向施工人员展示及传递建筑设计意图。帮助施工人员理解、熟悉施工工艺和流程，实现可视化交底，提高施工项目安全管理效率。

5）根据现场施工安全管理情况的变化，实时更新施工安全设施配置模型。通过现场图像、视频、音频等方式，把出现的安全问题关联到建筑信息模型相应的构件与设备上，记录问题出现的部位或工序，分析原因，进而制订并采取解决措施。汇总收集在模型中的安全问题，总结对类似问题的预判和处理经验，形成施工安全分析报告及解决方案，为工程项目的事前、事中、事后控制提供依据。

2. 应用成果

1）施工安全设施配置模型。

2）危险源清单。

3）施工安全分析报告

■ 6.5 智慧工地管理

智慧工地是以物联网、互联网、大数据、云计算等技术为依托，全面感知、收集、处理、分析工地现场的相关数据和信息，通过数字化、智慧化的方式，实现工地现场生产作业协调、协同，管理决策高效、科学等目的的工程建设工地。

智慧工地管理是指工程建设工地的管理主体对智慧工地施以相应的管理，主要包括人员管理、安全管理、环境管理和能耗管理等。

6.5.1 人员管理

人员管理包括人员档案管理、人员穿戴管理、人员考勤管理、人员定位管理、人员技能管理、人员征信管理、人员工资管理、人员工伤管理等。

图 6-17 所示为利用管理平台进行劳动力数量盘点。

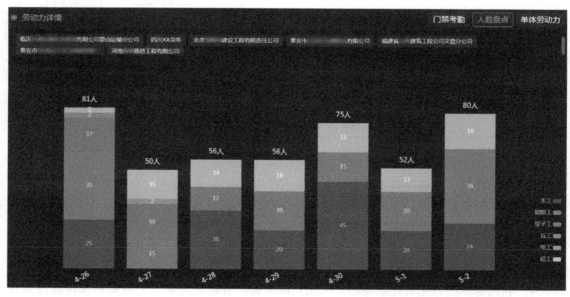

图 6-17 劳动力数量盘点

图 6-18 所示为现场人员技能统计。

6.5.2 安全管理

安全管理包括安全教育培训管理、安全方案管理、机械设备安全管理、危险空间安全管

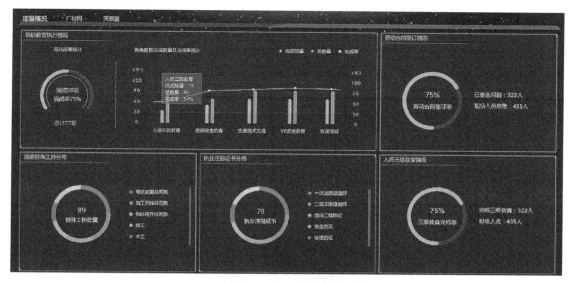

图 6-18　现场人员技能统计

理等。

　　如图 6-19 所示为安全教育培训情况统计，如图 6-20 所示为施工机械安全检查台账。

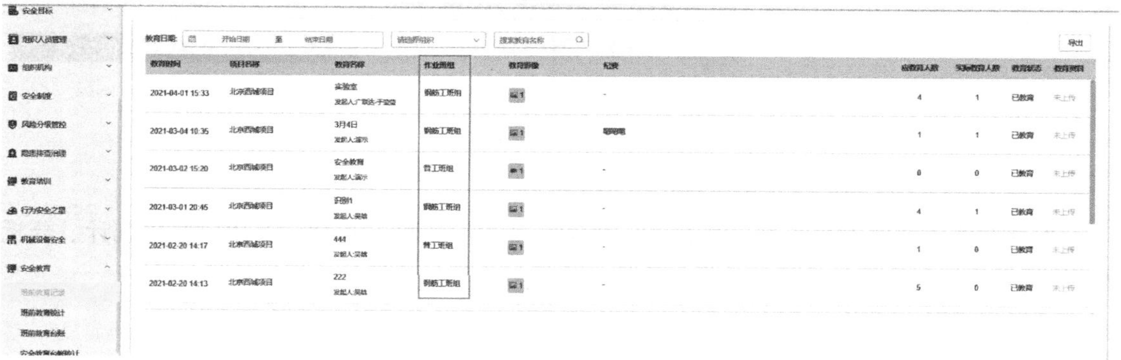

图 6-19　安全教育培训情况统计

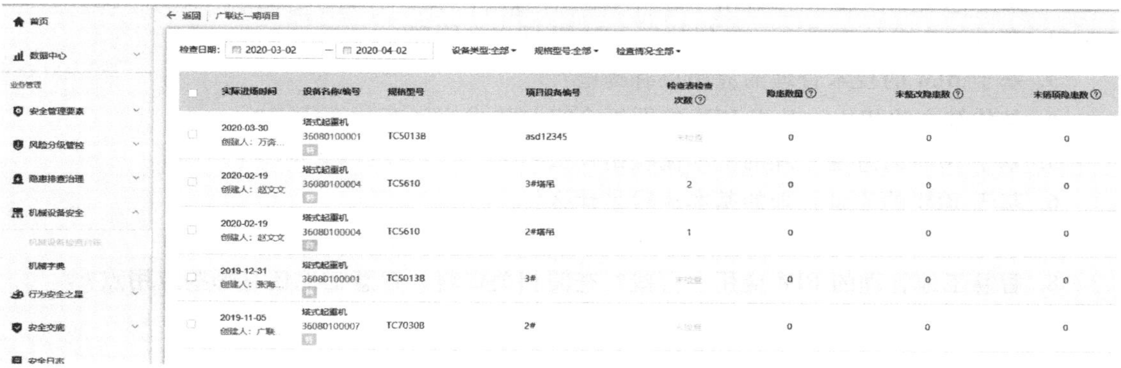

图 6-20　施工机械安全检查台账

6.5.3 环境管理

在工地现场进行扬尘监测、大气环境监测、噪声监测、湿度和温度监测、风向和风力监测等环境监测，建立项目绿色建造与环境管理制度。

图 6-21 所示为扬尘噪声监测。

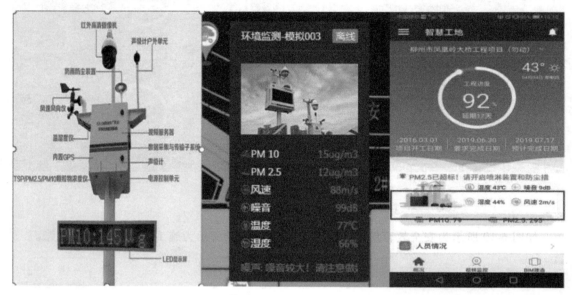

图 6-21 扬尘噪声监测

6.5.4 能耗管理

能耗监测应能够对施工区、办公区、生活区和主要机械设备用水及用电数据统计、分析和对比。

思 考 题

1. 基于 BIM 的成本管理的主要工作是什么？
2. 在设计变更的情况下，如何基于 BIM 进行成本管理？
3. 基于 BIM 的技术管理的应用点有哪些？
4. 与传统方法相比，基于 BIM 的图纸会审与技术交底有什么优点？
5. 基于 BIM 的进度管理的基本流程是什么？
6. 基于 BIM 的质量管理的基本流程是什么？
7. 与传统安全管理相比，基于 BIM 的安全管理有哪些新的做法？
8. 智慧工地管理的 BIM 应用有哪些？查阅相关资料，智慧工地还有哪些应用点？

第7章

BIM的运维管理应用

本章要点

1. 运维的基本概念。
2. 项目各阶段 BIM 模型的差异。
3. 运维阶段 BIM 的具体应用。

学习目标

1. 掌握运维的基本概念，能够从企业管理与建筑设施管理两个不同的角度看待运维管理。
2. 了解项目各阶段 BIM 模型的差异。
3. 掌握运维阶段 BIM 的具体应用。

■ 7.1 运维的基本概念

7.1.1 运维管理的内涵

运维管理（Facility Management，FM）在国外已经成为一个专门的学科体系。这个术语不可直译为设施管理，因其容易与国内的设备设施管理混淆。在行业划分上，FM 与建设行业并称为 AEC/FM 产业，大致上相当于我国的建筑业和物业等产业的总和，是国民经济的重要组成部分；在专业教育体系上，是建筑技术、工程管理、企业管理、运筹学、计算机科学等多专业领域的交叉学科；在企事业单位管理中，它通常是一个由行政后勤、基建和运维、空间资产等职能组成的专业职能部门，与财务部、人事部、IT 部门并列属于企事业机构的内部支持服务的业务组团。近半个世纪以来，FM 已经逐渐发展成为一个高度整合的建筑全生命周期管理模式，BIM 在 FM 领域中的应用一般被称为 "BIM+FM 解决方案"。国内原本就存在的各类相关专业正在走向不断整合的产业升级的过程中，FM 就是一个主要的发展方向。我国一些著名企业如腾讯、华为、联想等都已经开始建立这种管理模式，大型国企、高等院校普遍建立后勤集团。

运维并不总是与建设项目相关，相比于建设行业的鲜明的项目管理特征来说，运维管理更多的是处于某种企事业单位的机构组织管理的语境中，于是建设与运维的行业主体视角就有巨大的不同（图7-1）。从企业管理角度来说，一个在建工程只是企业所管理的不动产资产（portfolio）中的一部分；而对于建筑业来说，这个工程就是项目的全部。在建筑设施角度和企业管理角度之间反复对比，才能更好地理解设施运维管理，如图7-1所示。

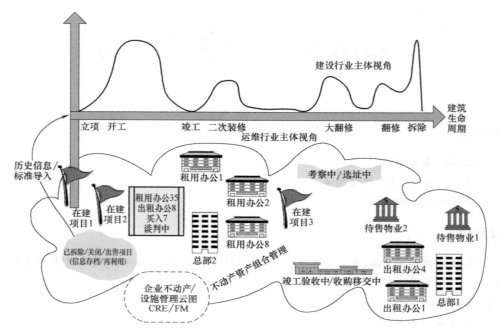

图 7-1　建设与运维的视角对比

7.1.2　BIM 应用的运维数据工作流

BIM 应用于运维管理的数据工作流如图7-2所示。

数据工作流的关键是设施信息的中央存储库。有效使用 BIM 进行设施管理的核心是建立设施数据的集中存储库。数据实际上可能存储在多个链接的存储库中，但数据必须作为集中式资源，可供所有适当的用户使用。

如果用户期望访问和维护中央存储库中的设施信息，软件工具和通信链接必须响应。其中涉及的必要的技术基础设施包括以下内容：

1）充足的高速数据存储。

2）足够的服务器容量。

3）足够的计算机处理能力。

4）足够数量的软件许可证。

5）足够的网络带宽。

6）响应式许可证服务器。

从项目过程到设施信息的整个生命周期的更新和维护，有一些不同的技术要求，具体如下：

1）在项目执行期间，设计和施工团队需要具有协作开发设施模型的能力。设计与施工

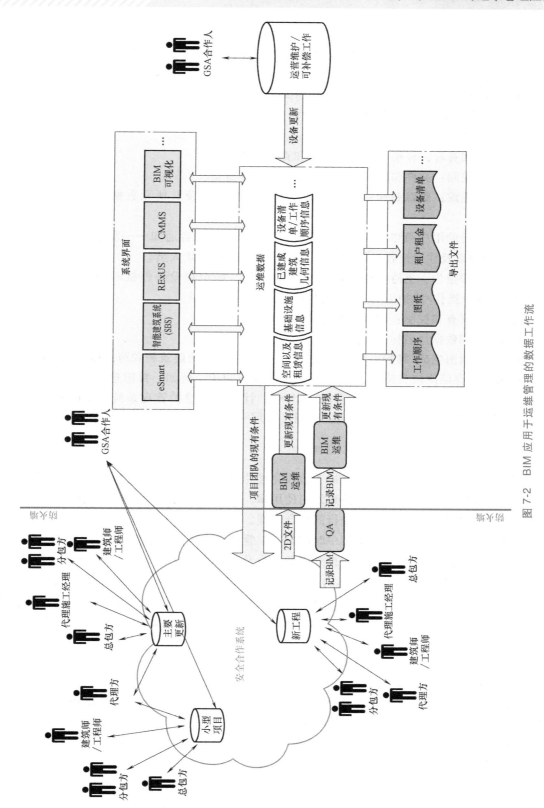

图 7-2　BIM 应用于运维管理的数据工作流

和空间数据管理也需要在整个过程中监控进度和对要求的遵守情况。

2）在项目结束时，必须将设施信息移交并上传到防火墙内的中央设施存储库中。

3）在运营和维护阶段，需要工具来更新竣工 BIM，并将这些更新与 CMMS 和设备库存数据库以及 eSmart（2D 绘图库）中的活动同步。

中央设施存储库直接提供的关键功能如下：

1）数据安全：遵守数据安全的要求。

2）搜索和查看：轻松、直观地搜索和查看数据。

3）版本控制：文件和数据的版本控制、多版本维护。

4）审计跟踪：跟踪每个版本的创建日期和作者，以及其他元数据，以维护更改历史记录。

5）更新后的用户通知：数据或文件更改时的利益相关者通知——发送给已签出该数据或文件的用户以及注册接收通知的用户，如运维人员和 SDM 人员。

6）分析和报告：支持数据分析和报告的工具，如识别设备停机时间、故障历史、维修/修复成本、操作/维护工时、效率和能源消耗（如果计量）。

7）系统审查和控制：访问各种设施管理系统。

8）文件和数据命名标准。

9）使用指南生成/维护：确保使用指南在建筑物中、跨建筑物和跨区域的唯一性。

中央设施存储库应支持与 GSA 内部系统的双向同步，例如：智能建筑系统（SBS）；楼宇自动化系统（BAS）；能源管理系统（EMS）；计算机化维护管理系统（CMMS）；eSmart；ePM；RExUS（可能是单向的）；商业智能（仅用于分析）。

7.1.3　运维阶段 BIM 应用的流程

建筑运行维护管理是指建筑在竣工验收完成并投入使用后，整合建筑内人员、设施及技术等关键资源，通过运营充分提高建筑的使用率，降低经营成本，增加投资收益，并通过维护尽可能延长建筑的使用年限而进行的综合管理。

运维阶段是在建筑全生命周期中时间最长、管理成本最高的重要阶段。BIM 技术在运维阶段应用的目的是提高管理效率、提升服务品质及降低管理成本，为设施的保值、增值提供可持续的解决方案。基于 BIM 技术的运维管理将增加管理的直观性、空间性和集成度，结合自动化控制技术、物联网、智慧运营等技术，能够有效帮助建设和物业单位管理建筑设施和资产（建筑实体、空间、周围环境和设备等），进而降低运营成本，提高用户满意度。

1. 运维管理方案策划

运维管理方案是指导运维阶段 BIM 技术应用不可或缺的重要文件，基于 BIM 的运维管理方案宜根据项目的实际需求在项目竣工交付和项目试运行期间制订。运维管理方案宜由业主运维管理部门、专业咨询服务商（包括 BIM 咨询、FM 设施管理咨询、IBMS 集成建筑管理系统等）、运维管理软件供应商等共同制订。

（1）工作内容　运维管理方案须经详尽的需求调研分析、功能分析与可行性分析。需求调研对象应覆盖到主管领导、管理人员、管理员工和使用者。

在需求调研基础上，需进一步进行功能分析，梳理出不同针对应用对象的功能性模块和支持运维应用的非功能性模块，如角色、管理权限等。

运维管理方案还需要进行可行性分析，分析功能实现应具备的前提条件，尤其是需要集成进入运维管理系统的智能弱电系统或者嵌入式设备的接口开放性，在运维实施前应做详细调研。

运维管理方案宜包括成本投入评估和风险评估。

（2）策划流程　运维管理方案策划流程如图7-3所示。

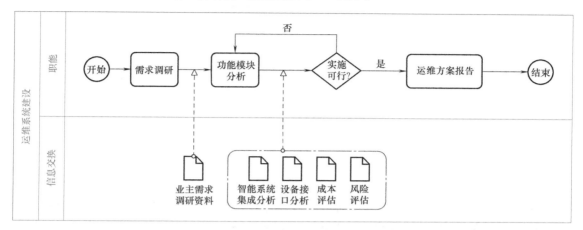

图7-3　运维管理方案策划流程

（3）成果　运维管理方案报告：报告主要内容包括运维应用的总体目标、运维实施的内容、运维模型标准、运维模型构建、运维系统搭建的技术路径、运维系统的维护规划等。

2. 运维管理系统搭建

运维管理系统搭建是该阶段的核心工作。运维管理系统应在运维管理方案的总体框架下，结合短期、中期、远期规划，本着"数据安全、系统可靠、功能适用、支持拓展"的原则进行软件选型和搭建。

（1）工作内容　运维管理系统可选用专业软件供应商提供的运维管理平台，在此基础上进行功能性定制开发，也可自行结合既有三维图形软件或 BIM 软件，在此基础上集成数据库进行开发。运维管理平台宜利用或集成业主既有的设施管理软件的功能和数据。运维管理系统宜充分考虑利用互联网、物联网和移动端的应用。

若选用专业软件供应商提供的运维平台，应全面调研该平台的服务可持续性、数据安全性、功能模块的适用性、BIM 数据的信息传递与共享方式、平台的接口的开放性、与既有物业设施系统结合的可行性等内容。

若自行开发运维管理平台，应考察三维图形软件或 BIM 软件的稳定性、既有功能对运维管理系统的支撑能力、软件提供 API 等数据接口的全面性等。

运维管理系统选型应考察 BIM 运维模型与运维系统之间的 BIM 数据的传递质量和传递方式，确保建筑信息模型数据的最大化利用。

（2）搭建流程　运维管理系统搭建流程如图7-4所示。

（3）成果　运维管理系统和运维实施搭建手册：运维管理系统由软件供应商提供或开发团队提供，运维实施搭建手册包括运维系统搭建规划、功能模块选取、资源配备、实施计划、服务方案等。

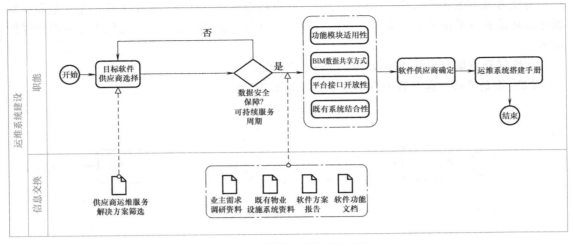

图 7-4　运维管理系统搭建流程

3. 运维管理模型构建

运维管理模型构建是运维管理系统数据搭建的关键性工作。运维管理模型来源于竣工模型，如果竣工模型为竣工图样模型，并未经过现场复核，则必须经过现场复核后进一步调整，形成实际竣工模型。

（1）数据准备

1）实际竣工模型。

2）运维所需数据资料。

3）运维模型标准。

（2）操作流程

1）验收竣工模型，并确保竣工模型的可靠性。

2）根据运维管理系统的功能需求和数据格式，将竣工模型转化为运维管理模型。在此过程中，应注意模型的轻量化。模型轻量化工作包括：优化、合并、精简可视化模型；导出并转存与可视化模型无关的数据；充分利用图形平台性能和图形算法提升模型显示效率。

3）根据运维管理模型标准，核查运维管理模型的数据完备性。验收合格资料、相关信息宜关联或附加至运维模型，形成运维模型。

（3）成果　运维管理模型应准确表达构件的外表几何信息、运维管理信息等。对运维无指导意义的内容，应进行轻量化处理，不宜过度建模或过度集成数据。

4. 运维数据自动化集成

运维数据自动化集成主要包括对空间、资产、设备设施等数据的集成、分析、应用，即空间管理、资产管理、设备设施管理等。

5. 运维系统维护

为确保运维管理系统的正常运行和发挥价值，系统维护必不可少。运维管理维护包括：软件本身的维护升级，数据的维护管理。运维管理系统的维护宜由软件供应商或者开发团队提供。运维管理维护计划宜在运维系统实施完毕交付之前由业主运维部门审核通过。

（1）维护内容

1）数据安全管理：运维数据的安全管理包括数据的存储模式、定期备份、定期检查等工作。

2）模型维护管理：由于建筑物维修或改建等原因，运维管理系统的模型数据需要及时更新。

3）数据维护管理：运维管理的数据维护工作包括建筑物的空间、资产、设备等静态属性的变更引起的维护，也包括在运维过程中采集到的动态数据的维护和管理。

（2）系统升级　运维管理系统的版本升级和功能升级都需要充分考虑到原有模型、原有数据的完整性、安全性。

■ 7.2　建筑、设计、施工、运维阶段的 BIM 差异

业主在项目全生命周期运用 BIM 技术面临的一个主要问题就是项目设计和施工阶段创建的 BIM 模型与运维阶段满足使用需求的 BIM 模型存在着差异。虽然在正常程序下，工程数据应当从一个阶段传递到下一个阶段，但是至少应当区分设计阶段、施工阶段、竣工阶段、运维阶段四个阶段的 BIM 模型。

7.2.1　设计阶段 BIM

设计阶段 BIM 模型由建筑师和结构工程师创建，目的是进行概念设计并形成后期施工阶段的文件。这个阶段建筑材料和设备的设定都是一般通用的，允许承包商进行竞争性选择。例如，空气处理设备只包含通用尺寸和性能要求，不会指定特定的制造商。

7.2.2　施工阶段 BIM

承包商和分包商利用施工阶段 BIM 模型在实际施工前进行碰撞检测和材料采购的测算。施工阶段 BIM 模型要求的精度较高，可以减少施工阶段工作的不确定性。其他的作用包括提高施工安全性、减少碰撞冲突以及模拟实际产出等。

7.2.3　竣工阶段 BIM

竣工阶段 BIM 模型由总包商、分包商和供应商创建。传统的竣工资料是包含了具体的材料设备选择以及施工过程相关变更情况的一整套二维纸质图样。

在信息化时代，这些竣工资料由承包商或者特定的工作人员在施工过程中输入 BIM 模型。竣工阶段 BIM 模型应当具备一定的精度，包含构造细节，注释，尺寸，建筑平、立、剖面图，进度信息以及材料设备的具体属性等。模型的标准对于模型信息定义至关重要。

业主应当将竣工阶段 BIM 模型作为已完工程资料的重要资料保存。

7.2.4　运维阶段 BIM

运维阶段 BIM 模型来源于竣工阶段 BIM 模型，但是需要做以下修改：

1）施工细节和工作图样信息对运维阶段 BIM 模型是多余的，可以删除。这些信息在需要的时候可以从竣工阶段 BIM 模型中获取。

2）反映建筑内核、建筑外形和使用时的改进的相关链接模型应当被合并到一个单一模

型中去。

3）应当将建筑、机械、电气、消防、特种设备等的链接模型合并。对于大型建筑而言，当下的技术不一定可以实现，所以可能需要维护多个相互关联的模型。

4）占用的空间编码应当源自建设阶段的空间编码，并与建筑物标识相匹配。

5）对于办公空间，工作站和办公室应当与其他房间分开定义，并使用特定的编号系统进行标识。这对于将办公空间与办公桌、隔间、办公室进行匹配非常重要，也是工作订单管理的关键。

6）建筑设备需要用具有唯一性的资产 ID 进行编号。

7）运维阶段 BIM 模型应当连接到设施管理系统，这个系统能够追踪正在进行的工作订单、维护操作、空间占用信息、设备和材料的更换成本以及其他与建筑维护操作相关的数据。

■ 7.3　BIM 运维管理的应用技术

运维阶段 BIM 应用是基于业主设施运营的核心需求，充分利用竣工交付模型，搭建智能运维管理平台并付诸具体实施。运维阶段的 BIM 应用宜符合实际需求，应充分发挥建筑信息模型和数据的实际应用价值，不宜超出实际情况过度规划。

7.3.1　设备维护管理

1. 目的和意义

将建筑设备自控（BA）系统、消防（FA）系统、安防（SA）系统及其他智能化系统和建筑运维模型结合，形成基于 BIM 技术的建筑运行管理系统和运行管理方案，有利于实施建筑项目信息化维护管理。其重要价值如下：

1）提高工作效率，准确定位故障点的位置，快速显示建筑设备的维护信息和维护方案。

2）有利于制订合理的预防性维护计划及流程，延长设备使用寿命，从而降低设备替换成本，并能够提供更稳定的服务。

3）记录建筑设备的维护信息，建立维护机制，以合理管理备品、备件，有效降低维护成本。

2. 系统功能

（1）设备设施资料管理　对设备设施技术资料进行归纳，以便快速查询，确保设备设施的可追溯性，对文件数据进行备份管理。

（2）日常巡检　利用建筑模型和设备设施及其系统模型，制订设备设施日常巡检路线；结合楼宇自控系统及其他智能化系统，对楼宇设备设施进行计算机界面巡检，减少现场巡检频次，以降低楼宇运行的人力成本。

（3）维护管理

1）编制维护计划。利用建筑模型和设备设施及其系统资产管理清册，结合楼宇实际运行需求制订楼宇建筑和设备设施及其系统的维护计划。

2）定期维护。利用建筑模型和设备设施及其系统模型，结合设备供应使用说明及设备实际使用情况，按维护计划要求对设备设施进行维护保养，确保设备设施始终处于正常状态。

3）报修管理。利用建筑模型和设备设施及其系统模型，结合故障范围和情况，快速确定故障位置及故障原因，进而及时处理设备运行故障。

4）自动派单。系统提示设备设施维护要求，自动根据维护等级发送给相关人员，相关人员据此进行现场维护。

5）维护更新设备设施数据。及时记录和更新建筑信息模型的运维计划、运维记录（如更新、损坏或老化、替换、保修等）、成本数据、厂商数据和设备功能等其他数据。

设备维护管理界面基于运维平台在交付模型的基础上赋予运维信息，结合设备管理软件进行可视化远程控制，可充分了解设备的运行状况，调整设备参数，从而达到最佳的使用效果，为业主更好地进行运维管理提供良好条件。

3. 数据准备

（1）建筑信息模型　建筑信息模型数据准备包括建筑设备设施模型文件，要求分单体、分楼层或分系统、分专业编制。

（2）属性数据　属性数据准备包括设备编码、设备名称、设备分类、资产所属空间、设备采购信息等与设备管理相关的信息。属性数据可以集成到建筑信息模型中，也可单独用EXCEL文件等结构化文件保存。

4. 数据集成

1）收集数据并保证模型数据和属性数据的准确性。

2）将设备管理的建筑信息模型根据运维系统所要求的格式加载到运维系统的相应模块中。

3）将设备管理的属性数据根据运维系统所要求的格式加载到运维系统的相应模块中。

4）两者集成后，在运维系统中进行核查，确保两者集成具有一致性。

5）在设备管理功能的日常使用中，进一步将设备更新、替换、维护过程等动态数据集成到系统中。

6）设备管理数据为维护部门的维修、维保、更新、自动派单等日常管理工作提供基础支撑和决策依据。

7.3.2　空间管理

1. 目的和意义

为了有效管理建筑空间，保证空间的利用率，可结合建筑信息模型进行建筑空间管理。空间管理功能主要包括空间规划、空间分配、人流管理（人流密集场所）等。

2. 系统功能

（1）空间规划　根据企业或组织业务发展，设置空间租赁或购买等空间信息，积累空间管理的各类信息，便于预期评估，制订满足未来发展需求的空间规划。

（2）空间分配　基于建筑信息模型对建筑空间进行合理分配，方便查看和统计各类空间信息，并动态记录分配信息，提高空间的利用率。

（3）人流管理　对人流密集的区域，实现人流检测和疏散可视化管理，保证区域安全。

（4）统计分析　开发空间分析功能获取准确的面积使用情况，满足内外部报表需求。

基于 BIM 可视化的空间管理体系，可对办公部门、人员和空间实现系统性、信息化的管理，如图 7-5 所示，通过查询定位可以快速获取空间信息，如客户名称、建筑面积、层高等，也可以实现数据实时调整和更新。

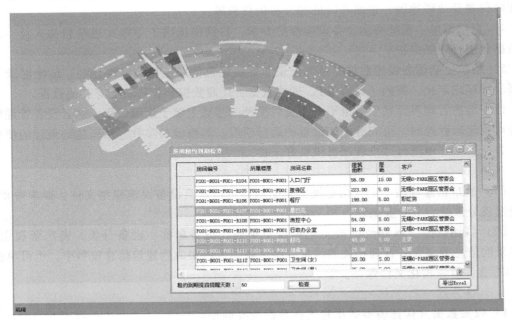

图 7-5　建筑空间信息

3．数据准备

（1）建筑信息模型　建筑信息模型数据准备包括建筑空间模型文件，要求分单体、分楼层编制。

（2）属性数据　属性数据准备包括空间编码、空间名称、空间分类、空间体积、空间分配信息、空间租赁或购买信息等与建筑空间管理相关的信息。属性数据可以集成到建筑信息模型中，也可单独用 EXCEL 文件等结构化文件保存。

4．数据集成

1）收集数据并保证模型数据和属性数据的准确性。

2）将空间管理的建筑信息模型根据运维系统所要求的格式加载到运维系统的相应模块中。

3）将空间管理的属性数据根据运维系统所要求的格式加载到运维系统的相应模块中。

4）两者集成后，在运维系统中进行核查，确保两者集成具有一致性。

5）在空间管理功能的日常使用中，进一步将人流管理、统计分析等动态数据集成到系统中。

6）空间管理数据为建筑物的运维管理提供实际应用和决策依据。

7.3.3　资产管理

1．目的和意义

利用建筑信息模型对资产进行信息化管理，辅助建设单位进行投资决策和制订短期、长期的管理计划。利用运维模型数据，评估、改造和更新建筑资产的费用，建立维护和模型关联的资产数据库。

2．系统功能

1）形成运维和财务部门需要的可直观理解的资产管理信息源，实时提供有关资产报表。

2）生成企业的资产财务报告，分析模拟特殊资产更新和替代的成本测算。

3）记录模型更新。动态显示建筑资产信息的更新、替换或维护过程，并跟踪各类变化。

4）基于建筑信息模型的资产管理，财务部门可提供不同类型的资产分析报表。

3．数据准备

（1）建筑信息模型　建筑信息模型数据准备包括建筑资产模型文件，要求分单体、分楼层编制。

（2）属性数据　属性数据准备包括资产编码、资产名称、资产分类、资产价值、资产所属空间、资产采购信息等与资产管理相关的信息。属性数据可以集成到建筑信息模型中，也可单独用 EXCEL 文件等结构化文件保存。

4．数据集成

1）收集数据并保证模型数据和属性数据的准确性。

2）将资产管理的建筑信息模型根据运维系统所要求的格式加载到运维系统的相应模块中。

3）将资产管理的属性数据根据运维系统所要求的格式加载到运维系统的相应模块中。

4）两者集成后，在运维系统中进行核查，确保两者集成具有一致性。

5）在资产管理功能的日常使用中，进一步将资产更新、替换、维护过程等动态数据集成到系统中。

6）资产管理数据为运维和财务部门提供资产管理报表、资产财务报告、提供决策分析依据。

7.3.4　能耗管理

1．目的和意义

利用建筑模型和设备设施及其系统模型，结合楼宇计量系统及楼宇相关运行数据，生成按区域、楼层和房间划分的能耗数据；对能耗数据进行分析，发现高耗能位置和原因，提出针对性的能效管理方案，降低建筑能耗。

2．系统功能

（1）数据收集　通过传感器将设备能耗数据进行实时收集，将收集到的数据传输至中央数据库。

（2）能耗分析　运维系统对中央数据库收集的能耗数据信息进行汇总分析，通过动态图表的形式展示出来，并对能耗异常位置进行定位、提醒。

（3）智能调节　针对能源使用历史情况，可以自动调节能源使用情况，也可根据预先设置的能源参数进行定时调节，或者根据建筑环境自动调整运行方案。

（4）能耗预测　根据能耗历史数据预测设备在未来一定时间内的能耗情况，合理安排设备能源使用计划。

BIM 电量检测平台如图 7-6。基于 BIM 技术，通过安装具有传感功能的电表，在管理系统中及时收集所有能源信息，对能源消耗情况进行自动统计、分析。

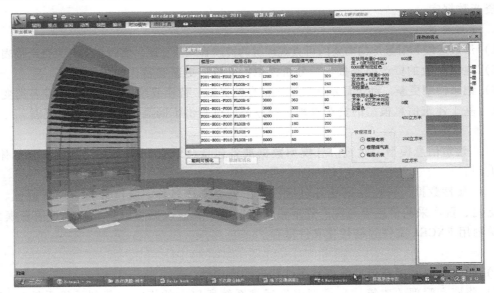

图 7-6　BIM 电量检测平台

3. 数据准备

（1）建筑信息模型　建筑信息模型数据准备包括建筑设备设施及其系统模型文件和建筑空间及房间的模型文件中关于能源管理的相应设备。

（2）属性数据　属性数据准备包括能源分类数据（如水、电、煤系统基本信息），以及能源采集所需要的逻辑数据。属性数据宜用 EXCEL 文件等结构化文件保存。

4. 数据集成

1）收集数据并保证模型数据和属性数据的准确性。

2）将与能源管理相关的建筑信息模型根据运维系统所要求的格式加载到运维系统的相应模块中，也可直接利用设备维护管理和建筑空间管理已经加载的模型数据。

3）将能源管理的属性数据根据运维系统所要求的格式加载到运维系统的相应模块中。

4）两者集成后，在运维系统中进行核查，确保两者集成具有一致性。

5）在能耗管理功能的日常使用中，进一步利用数据自动采集功能，将不同分类的能源管理数据通过中央数据库自动集成到运维系统中。

6）能耗管理数据为运维部门的能源管理工作提供决策分析依据。

<h1 style="text-align:center">思　考　题</h1>

1. 可以从哪两个角度看待运维管理？

2. 从设计阶段到运维阶段有哪四种类型的 BIM 模型？

3. 应当对运维阶段的 BIM 模型做些什么修改？

4. 运维阶段 BIM 应用具体有哪些？

5. 能耗管理可以实现哪些功能？

BIM应用案例

■ 8.1　某住宅项目 BIM 应用案例

某住宅项目 BIM
应用案例视频讲解

8.1.1　项目介绍

某住宅项目总用地面积为 54253.4m^2；地块功能主要定位为住宅和社区商业，规划总建筑面积约为 278057.27m^2。

8.1.2　BIM 应用目标

该项目 BIM 实施的总目标主要包含以下三方面：

1）采用 BIM 技术提高住宅建筑的品质，综合分析建筑使用功能，优化设计成本。

2）施工过程中各系统在业务管理中实现精细化管理，降低材料损耗，提高管理效率，严控施工成本，在确保产品升级的前提下降低项目投资和施工成本。

3）探索施工企业基于 BIM 的施工+咨询的模式，实现 BIM 应用效益。

8.1.3　BIM 技术软件平台应用

为适应项目 BIM 应用需求，实现设计施工交流的及时性和资料传递的唯一性，经过多方调研分析，最终选择以下软件：

（1）Autodesk 系列软件　Revit 建立基础模型，利用 Navisworks 进行模型轻量化浏览。

（2）红瓦系列插件　利用红瓦建筑、结构、机电、精装等插件辅助建立模型和深化设计。

（3）红瓦协同大师　模型深化均提交设计复核，基于协同大师平台，加强 BIM 与设计的协同深化。

（4）鲁班 BIM 管理平台　利用鲁班 BIM 平台进行质量、安全、进度等目标控制（图 8-1）。

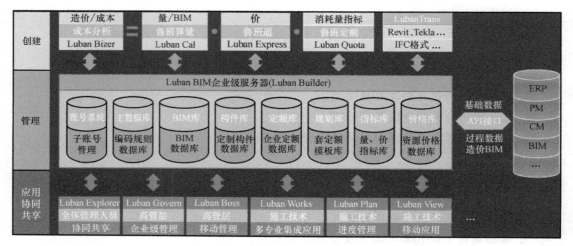

图 8-1　鲁班 BIM 管理平台解决方案

8.1.4　BIM 应用管理

1. BIM 应用组织管理

该项目 BIM 应用组织架构如图 8-2 所示。BIM 咨询团队作为施工项目管理团队的一部分，专职辅助业主开展项目整体 BIM 工作的策划、标准制订、实施、协调、成果审查和交付工作。

为促进项目各参与方在工程实施各阶段的交流沟通、群策群力，各参与方通过 BIM 将项目信息汇总（图 8-3），提高信息流通效率，加强专业之间合作。

2. BIM 应用管理机制

1）BIM 工作例会。组织各参建单位对本周 BIM 相关工作进行汇报交流并做好会议记录，会上各参建方就现阶段 BIM 相关工作实施过程中遇到的问题进行汇报与交流，各单位对项目 BIM 实施现状进行了解并解决各方 BIM 实施过程中所遇到的困难（BIM 例会与监理例会合并展开）。

2）BIM 管线综合优化协调会。组织建设单位、设计单位、监理单位、施工单位专业工程师参加 BIM

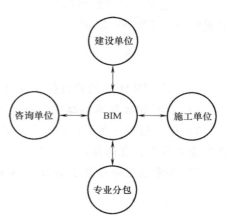

图 8-2　BIM 应用组织架构

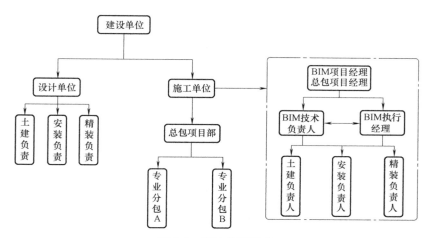

图 8-3　BIM 沟通模式

优化专项协调会，从各方需求出发，针对 BIM 优化模型提出合理意见；BIM 优化模型及各参建单位提出的优化建议经建设单位、设计单位同意后，以设计变更的形式实施。

3）BIM 施工协调会。基于各方认可的 BIM 优化模型，在施工前对各专业分包、施工班组进行交底，协调各班组施工顺序及质量要求。

4）BIM 专项协调会。在实施过程中，若遇复杂节点、各专业相互交错、相互配合难度较大的情况，可基于 BIM 轻量化模型进行现场专项协调。

5）现场巡查制度。将优化模型与现场实施情况进行对比，复核管道走向及标高，并及时纠偏，记录相关问题反馈给建设单位，监理专业工程师监督施工单位整改，整改完成后再次进行现场复核，确保先施工的专业不占用后施工专业的安装空间。

6）数据管理。基于协同大师平台，根据设计变更及现场施工情况进行模型更新及维护，模型更新及维护由 BIM 各专业派专人进行，设计变更等资料均上传平台，确保各方资料的一致性。变更下发前，由 BIM 基于模型进行复核，并反馈给建设单位设计人员，无误后正式下发变更，用于现场施工。

8.1.5　BIM 应用内容

1. 建筑产品设计优化

在施工准备阶段，基于设计图及三维模型进行建筑产品优化，从设计角度出发审查图样"错、漏、碰、缺"、规范强制性条款等，提高图样质量；从建设单位角度出发针对建筑产品的使用功能、区域净高、园林景观、精装吊顶、节材等方面进行模型优化；从施工角度出发优化施工操作困难、成型观感质量差的部位，提高施工效率和质量观感。

（1）图纸审查　通过模型复核各专业设计图内容和信息是否完整，及时反馈给建设单位，并详细说明图样缺失和错误的内容信息，查找图样错误或遗漏点、图样矛盾点、检查有无违反相关规范及要求（图 8-4），提高建设单位对图样质量的控制。

（2）品质优化　基于 BIM 模型进行漫游检查，从建设单位购买的角度审查建筑品质，在建筑空间、实用性、便捷性等方面提出优化建议；通过对商业、大厅、过道、车库、坡道、避难层等区域进行三维空间检查，在满足规范要求基础之上，对建筑空间复杂、观感较

图 8-4　穿梁管道影响结构安全

差的部位进行优化（图 8-5）。

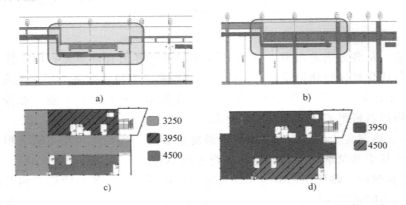

图 8-5　商业空间优化

a）原设计方案剖面　b）优化后方案剖面　c）原设计方案净高分布　d）优化后方案净高分布

（3）施工优化　整合各专业模型，对施工进行三维检查，针对施工措施复杂，不便于现场操作的部位进行优化，提高施工效率，减少施工措施费用（图 8-6）。

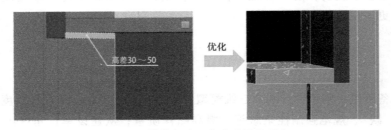

图 8-6　塔楼与地下车库连接处错台

（4）管线综合优化　基于各专业 BIM 模型和碰撞检测，在品质方面，重点优化大厅及电梯前室、单元门入口、车道、坡道及坡道口管道提升净高，减少穿越单元门口以及电梯前室上空的管道数量（图 8-7）；在施工节材方面，综合协调各专业之间的矛盾，统筹安排。

优化机电管线的空间位置及排布，避免各专业管道集中交叉碰撞，减少空间冲突；复核管道尺寸大小，优化管道路径，提交设计复核通过后实施，节约管道材料。

基于 BIM 管线综合模型，分专业对管道进行三维定位、系统尺寸标记，制作管线综合平面图、剖面图、节点三维示意图等深化图样（图 8-8），经过设计单位确认后以设计变更

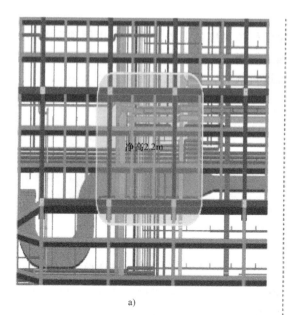

图 8-7 优化管道路径提升净高图

a）原设计方案　b）优化方案

通知单的形式下发至项目部，形成正式施工文件，以避免错误传递到施工阶段，达到提升设计净空、减少施工返工、提高工作效率和质量、加快施工进度的目的。

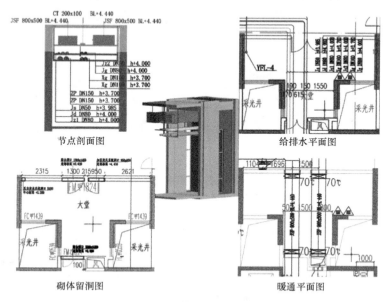

图 8-8 管线综合出图

（5）精装协同深化 通过 BIM 技术，以真实比例的建筑、结构、安装模型为基础，模仿真实灯光及材质效果进行渲染，对装饰装修效果提前展示（图 8-9）；并结合使用便捷度和美观舒适度，对空间利用提出优化建议；整合各专业管道系统及设备对其安装空间、使用效果进行分析。

结合水、电、暖管道及精装吊顶情况，在保证吊顶高度的前提之下，利用原预埋洞口对各管道、线管进行空间排布，辅助各专业分包施工。通过整合全专业模型，从实际生活需求出发，对新风空调等设备以及送风、回风口位置进行优化，提升生活空间（图8-10）。

图8-9　装修效果展示

a)　　　　　　　　　　b)

图8-10　优化风口位置（送风口对床头的舒适性）
a）优化前风口　b）优化后风口

（6）园林景观　通过BIM技术，根据施工图对总平面图中的园林绿化进行建模，同时模仿真实光照参数及材质效果进行渲染，对将建成的绿化效果提前展示（图8-11），对绿化是否达到要求做全面的分析。

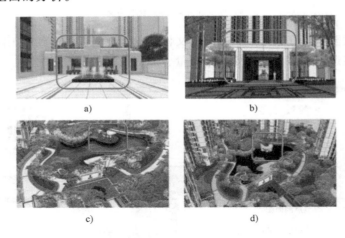

a)　　　　　　　　　　　　b)

c)　　　　　　　　　　　　d)

图8-11　园林景观方案模拟
a）分离式主入口方案　b）修改后融合式主入口方案　c）亲水平台方案　d）修改后亲水平台方案

（7）总平面图检查　基于BIM模型，对总平面图管道、检查井以及大门、排风及排烟井等构筑物进行三维检查，避免检查井位于单元门、无障碍坡道等位置（图8-12），优化道路两旁检查井，避免道路与井盖碰撞等，提升建筑品质。结合景观模型进行三维漫游检查，将总平面图构筑物融入景观当中（图8-13）。

2．施工应用管理

（1）技术管理　BIM应用由建设单位设计中心负责人

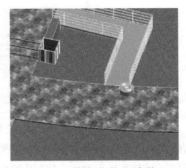

图8-12　检查井位于坡道口

a) b)

图 8-13 总平排风井优化

a) 塔楼排风井设计方案 b) 塔楼排风井优化方案

牵头，各专业设计负责人配合实施，在 BIM 咨询单位组织下开展 BIM 应用；相关成果由 BIM 咨询单位对各参建单位进行模型交底并汇集各施工方意见，进行模型深化，最终成果提交建设单位并经过设计单位确认后，下发设计变更通知单，形成正式施工文件，为 BIM 成果落地实施提供实施依据。对结构复杂、管线密集、机房等重点部位编制 BIM 技术交底文件，并通过鲁班 BIM 云平台插入到模型的对应位置中，施工人员能及时、精准地查看，实现线上高效交底，确保管线综合深化成果落地实施。图 8-14 所示为钢筋节点 BIM 技术交底文件。

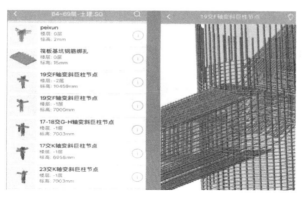

图 8-14 钢筋节点 BIM 技术交底文件

（2）质量管理 管理人员利用 BIM 平台，以文字、图片、视频等方式记录质量信息，若发现问题及时分析原因并发起整改流程，及时复核，实现有迹可循、无遗漏、无偏差。通过对施工现场的质量信息进行记录，可以准确掌握具体质量情况，从而更好地实现质量管理目标。

（3）安全管理 通过 BIM 模型，提前查找临边洞口危险源的分布情况，对施工现场安全措施进行统一策划，并对现场进行安全交底，消灭安全风险。利用 BIM 平台将日常安全巡检计划与模型相结合，在平台中对临边洞口、安全消防、机械设备等定义巡检任务（图 8-15），并发布到负责人工作端，管理人员按照巡检计划在现场扫描二维码实现每日巡检工作。

（4）进度管理 通过 BIM 模型，可以结合工程中的实际数据对工程实时进度与计划进度进行动态对比、考察（图 8-16）。通过比对计划与实际的差距，可以及时掌握施工过程，从而提早对可能发生的不利情况采取有效应对措施。

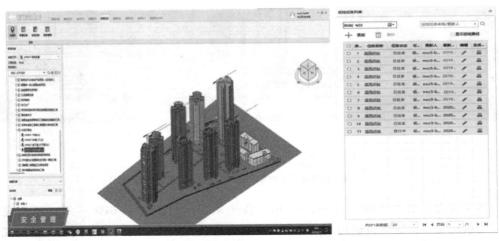

图 8-15　制订巡检计划、定义巡检任务

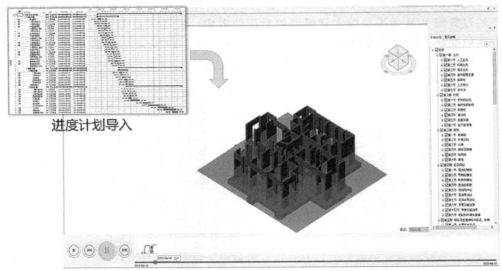

进度计划导入

图 8-16　进度模拟

（5）经营管理　通过将 BIM 模型与工程量清单相结合，根据进度（月度、周）、区域（楼层、施工段）、施工班组等条件进行材料用量的精确统计。利用 BIM 系统，可以随时随地调取到工程所需数据，严格控制材料的采购量，对班组也实行限额领料，既避免了材料的浪费，又能保证材料到场的及时性，有利于公司对项目资金的调配及安排，减少资金积压和成本浪费。

基于模型的虚拟建造，实现了可视化的施工现场进度与资金管控，可与现场实际进度充分结合，全面直观地反映进度计划的执行情况，有利于管理层对施工现场的了解。虚拟建造平台的报警功能和数据分析功能可以协助管理者做出决策，使得项目的进度与资金管理更高效（图 8-17）。

3. 辅助营销

采用三维图形处理技术，结合体验式感受，模拟项目场景下不同时间、不同天气状态的

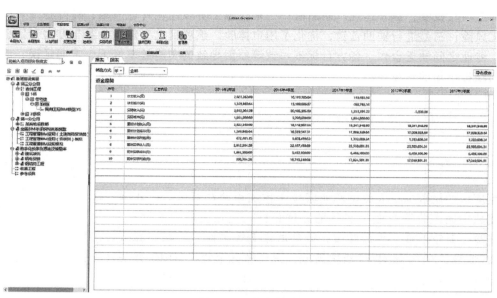

图 8-17　资金管控

情况，让潜在购房者更清楚了解产品未来的状态。通过二次开发，将项目的 BIM 模型与数字沙盘系统架构结合；通过三维算法能够迅速将视角定位至精确的区域，打造功能更多、体验更好的信息化数字平台，为潜在顾客选房提供体验不同角度视野下的实景和未来场景（图 8-18）。

BIM+VR 数字沙盘选房系统可与房源数据对接，智能统计销售状态，可满足不同场景下的售楼管理需求。

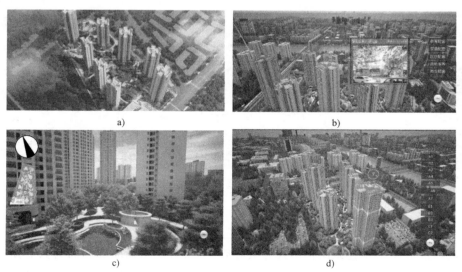

图 8-18　数字沙盘系统

8.1.6　BIM 应用总结

该住宅项目应用 BIM 技术，产生了三个方面的主要价值：一是对建筑产品设计进行优化，降低项目投资，提升建筑产品品质；二是在施工阶段优化管理措施，提升施工效率，降低施工风险；三是进行辅助营销，优化了用户体验。该项目也为建设各参与方由于信息流通性差、专业之间缺乏合作、各方目标不一致等原因导致的实施效率低下、工期延误、成本失控等问题提供新的解决思路。

■ 8.2 重庆市仙桃数据谷大数据产业园项目 BIM 技术应用

8.2.1 项目背景

重庆市仙桃数据谷大数据产业园位于重庆市两江新区。产业园围绕建成中国大数据产业生态谷的总体目标，重点发展智能汽车、智能终端、航空产业、生命健康、智慧城市 5 大产业。二期一标段项目由 78 号、76 号和 69 号地块组成，含商务办公楼、SOHO 办公楼、公寓、国际小学及青年创意产业园等（图 8-19），总建筑面积约为 40.4 万 m²，施工总合同金额约为 35 亿元。

重庆市仙桃数据谷大数据产业园项目 BIM技术应用视频讲解

图 8-19　项目效果图

8.2.2 采用 BIM 技术的原因

1）该项目 1~6 号楼建筑结构形式为核心筒+弓形柱，平面轮廓四周为弧形锁口梁，结构层扭转不规则，结构施工难度大。地下室标高系统较多，对测量放线精准度要求高。

2）9 号楼屋面设计有钢结构环廊，环廊结构高度为 10.4m，顶标高为 99.550m，总重约为 2000t，需采用预拼装和同步提升技术。钢环廊重量大、提升高度高、技术标准要求高。

3）建筑外围护均为异形玻璃幕墙系统，幕墙形式扭转且不规则，非标准单元式幕墙，加工复杂。

4）地下室面积约为 13.2 万 m²，均为 1% 的结构放坡系数，且单体工程交接处高差复杂。各专业管线排布密集且大量交叉，标高变化复杂，设计净高要求高，安装工程施工难度大。

8.2.3 BIM 组织与应用环境

1. 工作模式

该项目采用基于云计算的 BIM 整体解决方案，建立由建设单位、设计单位、监理单位、施工单位组成的信息一体化四方协同工作机制，形成项目各阶段、各区域的数据链，汇聚企业持续型数据库，让项目管理获得智慧生命，实现建筑业+互联网优质管理（图 8-20）。

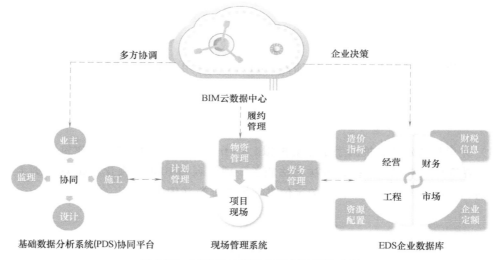

图 8-20 基于云计算的 BIM 整体解决方案

2. 组织架构

项目实施过程中团队组织分为两个层级。第一层级项目经理应负责制订项目 BIM 工作总体实施路线，第二层级分成两个部分。第一部分是项目 BIM 创新工作室，由项目经理领导、公司 BIM 中心提供技术支持，负责各专业的 BIM 建模、深化和专项应用；第二部分是项目各职能部门的管理人员，主要工作是应用 BIM 工具辅助日常管理（图 8-21）。

3. 软件配置

为适应项目 BIM 应用需求，实现设计施工交流的及时性和资料传递的唯一性，经过多方调研分析，最终选择以下软件：

（1）Autodesk 系列软件 采用 Revit 建立基础模型，利用 Navisworks 进行模型轻量化浏览。

（2）红瓦系列插件 利用红瓦建筑、结构、机电、精装等插件辅助建立模型和深化设计。

（3）红瓦协同大师 由于模型深化均须提交设计单位人员复核，故采用红瓦协同大师平台加强 BIM 与设计的协同深化。

（4）鲁班 BIM 管理平台 利用鲁班 BIM 管理平台进行质量、安全、进度等目标控制。

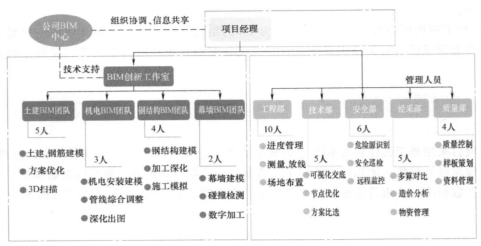

图 8-21　项目组织架构

（5）其他插件　徕卡（LEICA）插件、infinity 插件用于创新应用中。

8.2.4　BIM 技术应用成果

1. 土建工程 BIM 应用

（1）异形扭转建筑悬挑脚手架方案模拟　1~6 号楼建筑结构扭转，建筑每一层外围轮廓位置都在变化，常规外架搭设方法无法施工。项目利用 BIM 可视化模拟对外脚手架的悬挑工字钢、立杆、大横杆、小横杆的定位进行精细排布（图 8-22）。

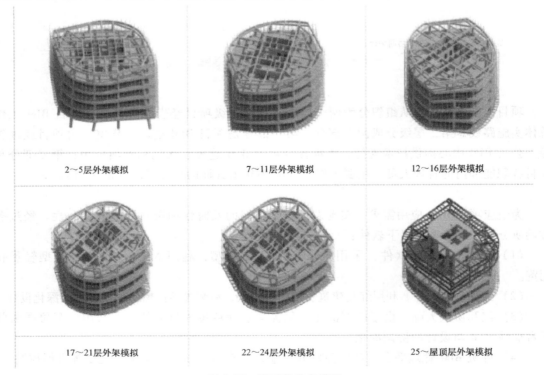

图 8-22　脚手架排布模拟

用有限元分析软件对架体的安全性进行分析计算,施工过程中通过 Revit 软件还可以导出立杆、横杆等构件的精确定位图以指导帮助现场工人搭设施工,确保方案的执行效果。脚手架计算模型如图 8-23 所示。

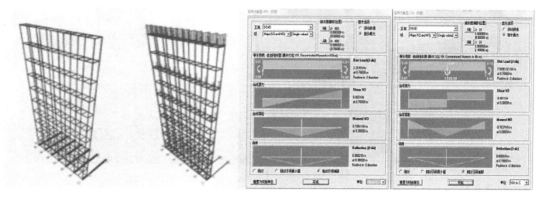

图 8-23　脚手架计算模型

(2)质量样板 BIM 策划　平面施工图方案很难将施工标准化节点形象完整地表现出来,利用 BIM 技术,将质量样板的所有细节提前设计,完整展示,能够帮助技术人员提前完善样板策划,确保关键部位技术信息完全传递给作业人员,保证项目施工动作标准化,还可以结合 VR 技术对各构件的定位、排版、做法等属性信息进行查看,强化工人的质量意识。质量样板精细模型如图 8-24 所示。

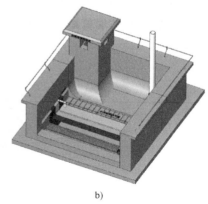

a)　　　　　　　　　　　　　　　　b)

图 8-24　质量样板精细模型

2. 钢结构工程 BIM 应用

(1)钢结构节点 BIM 深化　1~5 号楼混凝土梁钢筋与钢柱的连接采用开椭圆孔锚固到钢柱内,梁钢筋穿孔在同一水平面,施工难度极大,质量很难保证。在钢结构深化设计过程中,通过 BIM 模型节点深化处理和大量的数值模拟计算,并通过专家论证,确定将节点连接方式变更为钢牛腿上焊接钢筋的处理方法。基于 BIM 技术下的施工深化大大降低了工艺操作的复杂程度,提高施工质量。钢结构梁柱节点优化如图 8-25 所示。

(2)高空钢结构连廊整体提升模拟　该项目的 9 号楼 3 栋塔楼屋面设计为环形钢结构连廊,高度为 99m,总重 2060t,在进场初期确定了采用整体提升的技术路线,通过 BIM 技

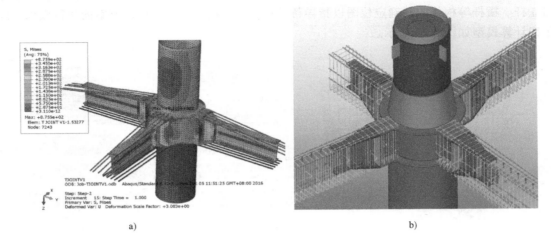

图 8-25　钢结构梁柱节点优化

术施工模拟，发现若悬空段的连廊在地下室顶板拼装，则与中部 4 层的裙楼有冲突，随即经过设计，统一增设施工缝，裙楼最后施工。此外，因为拼装的钢结构和排架在顶板上直接将荷载传递给结构，故提前对配筋进行了加强。整个圆形环廊被分为了六段，其中悬空的三段弧形采用整体提升，而弧形构件形心和重心不在同一位置，属于偏心受力构件，为解决此问题，在提升支座设置悬臂梁，通过计算确定悬挑长度，保证受力平衡。在提升过程中采用计算机对每个吊点的行程精准控制，确保同步性，提前对玻璃幕墙预变形处理，防止爆裂。这次提升是全国首例将玻璃幕墙整体提升。钢结构连廊提升模拟和深化如图 8-26 所示，其施工如图 8-27 所示。

图 8-26　钢结构连廊提升模拟和深化

3. 幕墙工程 BIM 应用

（1）幕墙碰撞检测　1~6 号楼异形幕墙复杂多变，依据传统平面施工图很难发现空间中的冲突，项目 BIM 工程师合并土建、钢结构与幕墙框架模型，使用 Navisworks 碰撞检查工具核查相关碰撞情况，共发现硬碰撞 386 处（图 8-28），导出碰撞检查报告，会同多方协调沟通，修改结构轮廓设计，保证主体与幕墙一致性。

a) b)

图 8-27　钢结构连廊提升施工

楼号	碰撞数量/处					
	1mm 公差	10mm 公差	20m m公差	30mm 公差	40mm 公差	50mm 公差
1#	12	25	40	54	68	87
2#	12	26	38	48	62	78
3#	86	87	110	248	562	859
4#	120	138	191	312	505	714
5#	48	67	84	108	147	171
6#	108	122	132	151	194	236

a) b) c)

图 8-28　幕墙与结构碰撞检测结果

（2）精细化 BIM 模型辅助加工　幕墙精细化 BIM 模型可以导出单元板块加工图及加工指令，包括龙骨的长度、公框和母框的夹角、转接件的个数、每个转接件的角度参数等，加工指令导入数控加工中心对单元板块构件进行参数化加工，保证了单元板块加工的准确度，提高了单元板块加工效率；解决了异形板块加工易出错的问题，还可以严格把控铝型材用量，节约材料消耗量。幕墙节点精细化 BIM 模型如图 8-29 所示。

4. 机电工程 BIM 应用

78 号地块建筑的地下室三面结构按照 1% 放坡，标高定位复杂，施工难度较大，通过全专业 BIM 模型的碰撞检查，共计发现 11 处重大碰撞。利用 BIM 技术的可视化和集成化优势，有针对性地出具管线排布解决方案，避免返工，为材料的采购和预制、综合支架的制作提供依据。同时，通过净高检查及漫游查看，把控地下室的净高及整体效果，最大限度地提高使用空间的舒适度。随后对预留洞口检查定位，仅混凝土墙洞就发现 59 处，其中包含 1900mm×500mm 规格的风管穿混凝土墙的洞口，有效地指导班组精确施工，避免了二次凿

 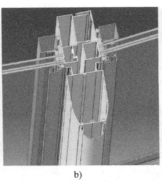 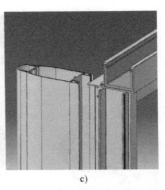

a)　　　　　　　　　　　b)　　　　　　　　　　　c)

图 8-29　幕墙节点精细化 BIM 模型

洞。管线综合优化如图 8-30 所示。

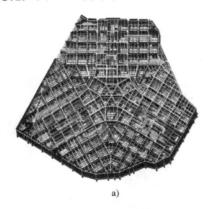 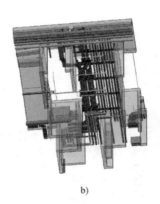

a)　　　　　　　　　　　　　　　b)

图 8-30　管线综合优化

5．BIM 综合应用管理

（1）BIM 辅助进度管理　项目在管理平台上将进度计划与 BIM 模型相结合，实现可视化进度管控。在平台上对各施工工序进行任务定义，展现周、月、季、年各个时间段的进度计划，将模型与总进度计划、月度计划、周计划精确关联，详细到各流水分区的墙、梁、板、柱施工。利用实际进度与计划进度进行模拟分析，快速发现工序交叉施工过程中的不合理处，以此完成进度计划及施工安排的调整，提升进度管理能力。

（2）BIM 辅助成本管理　通过搭建企业级 BIM 云平台，集成项目的经济技术指标，为制定经营策略提供切实有效的工程数据；将收入价与成本价导入平台进行分析，严格控制亏损项，充分经营盈利项；将 BIM 模型与项目进度相关联进行 5D 模拟，自动生成本月实际完成工程量及进度产值。为报送业主进度产值和审核分包进度产值提供强力支撑；根据进度计划，快速提取每月材料计划，提高施工材料精细化管理水平；现场施工方通过移动端发起工作流程，实时上传施工方影像、成果资料，为签证管理提供有力支撑。

6．创新应用

（1）BIM+放线机器人　该项目建筑层层扭转、不规则，对测量放线的要求极高。通过 LEICA 插件在 Revit 模型布置 4 个测量控制点及外围轮廓折点坐标点，并导出 dxf 和 xml 数据。坐标数据导入徕卡 ms60 全站扫描仪，仪器读取模型数据，自动捕捉棱镜，完成异形建筑外围轮廓折点放样，自动完成现场异形轮廓和空间斜柱的放样，将每层放线时间从 6h 缩短至 2h，误差均控制在 1mm 以内。BIM 模型坐标数据交互如图 8-31 所示。

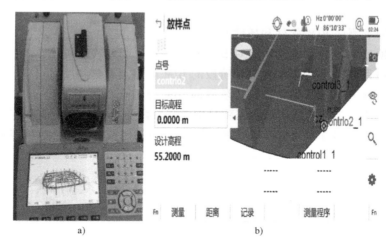

图 8-31　BIM 模型坐标数据交互

（2）BIM+三维扫描　通过激光扫描结构实体，用 infinity 软件对扫描数据格式进行转换，再通过 Cyclone 建立点云模型，将结构实体的数据再次和幕墙龙骨进行碰撞检测，避免土建施工误差对后续幕墙施工产生影响（图 8-32）。

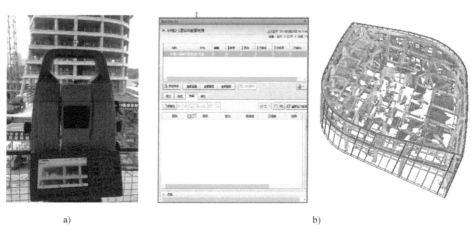

图 8-32　三维扫描与点云分析

8.2.5　BIM 应用总结

该项目应用 BIM 技术的价值体现在两方面：一是在幕墙与结构碰撞深化、外脚手架施工方案比选优化、钢结构节点深化、管线综合排布优化等方面创新综合应用 BIM 技术，创造经济效益 1200 余万元；二是在提高生产效率、确保工程质量、节约资源、强化安全生产和缩短工期等方面发挥重要作用，全面提升了项目精细化管理水平。

该项目也是重庆市首批 BIM 技术应用的试点项目，多次成功举办 BIM 技术应用主题观摩会（上述案例由中国五冶集团有限公司一分公司叶盛智、李坤提供）。

思 考 题

1. 案例选用了哪些 BIM 软件和插件？
2. 某住宅项目 BIM 应用案例中针对 BIM 应用采用了哪些管理机制？
3. 某住宅项目 BIM 应用案例中设计阶段的 BIM 应用点有哪些？
4. 某住宅项目 BIM 应用案例中施工阶段的 BIM 应用点有哪些？
5. 重庆市仙桃数据谷大数据产业园项目中施工阶段的 BIM 应用点有哪些？
6. 重庆市仙桃数据谷大数据产业园项目中 BIM 与其他技术的融合应用有哪些？

参 考 文 献

［1］ 何关培. BIM 总论［M］. 北京：中国建筑工业出版社，2011.

［2］ 清华大学 BIM 课题组，互联立方 isBIM 公司 BIM 课题组. 设计企业 BIM 实施标准指南［M］. 北京：中国建筑工业出版社，2013.

［3］ 李建成. BIM 应用·导论［M］. 上海：同济大学出版社，2015.

［4］ 赵彬，王君峰. 建筑信息模型（BIM）概论［M］. 北京：高等教育出版社，2020.

［5］ 中华人民共和国住房和城乡建设部. 建筑信息模型施工应用标准：GB/T 51235—2017［S］. 北京：中国建筑工业出版社，2017.

［6］ 中华人民共和国住房和城乡建设部. 建筑信息模型应用统一标准：GB/T 51212—2016［S］. 北京：中国建筑工业出版社，2017.

［7］ 中华人民共和国住房和城乡建设部. 建筑信息模型分类和编码标准：GB/T 51269—2017［S］. 北京：中国建筑工业出版社，2017.

［8］ 中华人民共和国住房和城乡建设部. 建筑信息模型设计交付标准：GB/T 51301—2018［S］. 北京：中国建筑工业出版社，2018.

［9］ 湖南省住房和城乡建设厅. 湖南省建筑工程信息模型设计应用指南［M］. 北京：中国建筑工业出版社，2017.

［10］ 湖南省住房和城乡建设厅. 湖南省建筑工程信息模型施工应用指南［M］. 北京：中国建筑工业出版社，2017.